未来のために今すべきこと

エシカルな農業

神戸大学と兵庫県の取り組み

伊藤一幸／編著

はじめに

神戸大学農学部地域連携センター長　星　信彦

消費者からすると農産物の価格は安ければ安いほどいいという考えは少なくない。日本の農業の持続的発展のために、価格が高くても購入してくれる人はお金持ちとか、お人よしといわれてしまう。本書で提案する「エシカルな農業」とは何か。本来、エシカル（ethical）という言葉は「道徳上の」とか「倫理的な」などを意味する形容詞である。しかし近年、この言葉が英語圏において少し踏み込んだ意味を持つようになってきた。環境や社会に配慮している様子を表すという意味が加わってきたのである。農産物は一朝一夕に生産できるわけではない。有機ＪＡＳに認定されるには最低でも2～3年間待たねばならない。本書はいろいろな立場の著者が、将来にわたっても安定生産が得られる兵庫県の農業を実現するにはどうしたらいいのかを例示しながら述べたものである。

それには世界一である日本製品（メイドインジャパン）の「ものづくりの精神」を農業や農産物に適用することである。多くの課題を抱える日本農村の六次産業化の方向を示すとともに、消費者の求める農産物や食品はどのようなものが理想なのかを考え、開発や普及を目指すことである。本書では、持続的で、クリーンな信頼感のある日本的なサービスの農業の中から得られ、兵庫県の認証食品マーク（ひょうご安心ブランドマーク）が付けられるようになった農作物、また、うまく加工して適正な価格で買っていただける、生産者も消費者も満足できるものをピックアップした。まだまだブランドになっていないものもあるが、夢に向かって情熱を注いでいる。

ミツバチは農業にとって極めて重要なポリネーターである。２０１４年８月８日の朝日新聞に国際環境ＮＧＯのグリンピース・ジャパンの意見広告が掲載されていた。ネオニコチノイド系農薬によると思われるＣＣＤ（蜂群崩壊症候群）と呼ばれるミツバチの失踪現象が世界的に起きている。日本ではこの農薬の使用量が最近の15年間で３倍に増えている。さらに、世界的には規制が強まる中、日本では２０１５年５月にネオニコチノイド系殺虫剤の野菜への残留基準が緩和され、例えばクロチアニジンではＥＵと比べて、日本ではキュウリで１５０倍、トマトで40倍と極めて緩い。また、その影響は他の節足動物やミミズをはじめとする環形動物、さらには鳥類、ほ乳類などにもありミツバチに限らない。

農耕地の生物多様性を考えた農業技術を育てることは、兵庫県が中心になって進めているコウノトリ野生復帰事業には欠かせない農業や里山の環境を守り、未来につなげることである。そのための土づくり、作物生産、農産物の品質管理、販売に至る総合的視点から、兵庫県と神戸大学が連携した取り組みを紹介したいと思う。

神戸大学農学部は篠山市との連携を軸に教育と研究を進展させてきた。ジャガイモ、ナシ、ダイズ、獣害対策、里山整備などとして7課題にまとめた。これに但馬牛や在来作物を加えて「地域農業発展のための取り組み」と題して第1部にまとめた。兵庫県は「コウノトリ育む農法」の推進のみならず、地味な取り組みではあるが、全県を挙げて有機農業やひょうご安心ブランド（化学肥料・化学合成農薬を50％以上削減、国基準の10分の1の残留農薬基準）を推進してきた。コウノトリを受け入れる自然環境や社会環境の整備に多くの人々の多大な努力が払われた。これらを第2部「コウノトリを大切にする兵庫の農業」としてまとめた。本書が阪神淡路大震災20年を契機とした時期に編集され、エシカルな内容で出版できることをうれしく思う。

未来のために今すべきこと

エシカルな農業　～神戸大学と兵庫県の取り組み～

※特記しない限り写真は各著者が撮影

第1部　地域農業の発展のための神戸大学の取り組み

1　篠山市と神戸大学の協働

～農へのまなざしをどのように伝えるのか～

伊藤一幸・清野未恵子

【学生と農家の交流から始まった】

大学の授業の一環として学生を農村に連れて行くことになったきっかけは、２００６年４月に農学部に入学してきた二人の女子学生が学内の「目安箱」に「農家で実施している農業そのものを体験してみたい」と投書したことである。この学生たちはその後、伊藤の研究室に入ってきて、卒業研究では一人は有機畑における雑草について研究し、クララというマメ科在来植物の生態を克明に調べて修士課程を修了し、もう一人は帰化植物ツルニチニチソウの生態と防除について学部から修士の４年間研究した。両名ともすでに社会人になって会社で働いている。彼女たちは本当に農業そのものが好きで「私を農村に連れてって」という農女子の走りであった。神戸大学農学部には当然のことながら、附属農場があり、農家に行かなくとも農業技術は農場実習として教えているが、彼女たちが欲していたのは農業技術ではなく、農業現場であり、生の農村であった。

神戸大学農学部に入って来る大部分の学生は京阪神のサラリーマンの子女である。彼らにとって農村といえば、祖父母の家がそれに近ければいいくらいで、都会の核家族の中で育ってきた学生たちである。本当のところ、農村の楽しさも農作業の辛さも、生産の喜びも知らない状態で農学部に入って来るのである。

【学生に農業の楽しさを、農村に学生の若さを】

さいわいなことには神戸大学農学部の前身は篠山市にあった県立兵庫農科大学で、大学側としても近くの自治体と地域連携を図る必要があった。こうした機運から、２００７年には篠山市と神戸大学で地域課題解決と教育研究の充実のために地域連携協力協定が結ばれた。そこで、篠山市をフィールドにした農業教育のプログラムを組むことにしたのである。これには農業や農村の実態を知らない大学の教員だけではとても無理で、結節点機能を持った「篠山フィールドステーション」の役割が大きかった。これは神戸大学のために篠山市から提供していただいた篠山市役所近くにある2階建ての施設で、セミナー室があって、研究・教育の拠点になっているものである。農業や農村の研究員2人が常駐していて、農家や地域との交渉をスムーズに進めるための施設になっている。

授業の狙いは何も知らない学生たちを農業に目覚めさせるというか、農へのまなざしを強めることにあった。農家の人でなければ教えられないことはたくさんあり、頑固な気質の篠山市には「黒大豆マイスター」とか、栽培技能を持っている人がたくさんいるので、本当にお世話になっている。また、篠山市にある各校区単位のまちづくり協議会（以下、まち協）や農家にとっては若い学生が入ることによって活気が出てくるということもあった。

このプログラムは２００８年の1年間は足慣らし期間で実質的には２００９年にスタートした。さいわいなことには、２００９年から3年間は文部科学省の教育ＧＰ（質の高い大学教育推進プログラム）の予算で、篠山市をフィールドとした農業農村を学ぶ「食農コープ教育プログラム（以下、食農コープ教育）」の仕組みづくりを行うことができた。神戸大学の食農コープ教育は、加古敏之教授をリーダーに、中塚雅也マネージャーらがオレゴン大学での取り組みなどを参考にして作った、座学（大学）と現場（篠山市）を往復しながら課題解決能力を持った学生を養うプログラムである。篠山市の農家の人たちの協力を得て実施できるようになったのは、篠山市の農都創造部黒まめ課などの職員に間に入ってもらっただけでなく、内平隆之、近藤史研究員の会話力が大きかった。２０１２年度からは教育ＧＰの予算が終了したため、大学の予算でこのプログラムが継続することとなったが、予算が大幅に削減されたため、「キャリアーデザイン論」、「農村インターンシップ」などの科目は廃止となった。

一方で、研究領域を横断した「ＥＳＤサブコース」として位置付ける形で、農学部だけでなく全学の学生が受講できるように変わった。その頃になると、食農コープ教育で地域に及ぼす影響が見えるようになり、篠山市が地域連携に投じる予算が恒常化する方向にシフトしたため、フィールドステーションに駐在するスタッフ数が増えた。彼らの献身的な努力により、頑固な篠山の農業者と地に足のついていない教員との間でも、本格的な協働ができるようになった。なお、ＥＳＤとはEducation for sustainable developmentの略で、国連大学が推奨する「持続可能な開発のための教育」である。２０１４年秋にＥＳＤユネスコ国際会議が名古屋で開催された。

食農コープ教育プログラムの内容について、簡単に紹介する。1年目は「農業農村フィールド演習」（後の「実践農学入門」）であり、学生が「農家に弟子入りする」という位置付けで、学生を農業農村に意識付ける段階である。ただ、篠山に数回通ったくらいで、農家の役に立つとは思っていない。ご迷惑ばかりおかけしたと思っている。良かったことは、この実習の受け入れを希望する集落やまち協を募集したところ、毎年異なる集落やまち協からの応募があり、複数の地域に学生が入ることができたことである。

農業農村フィールド演習の内容としては、まず農家の人たちと仲良くなってもらうための交流を行う。例えば、水田に葉色の違う水稲品種を絵になるように植える「田んぼアート」や、水田畦畔や雑木林の袖に生育する「山野草」を食べる会などを開催した。山野草を食べる会は、ヨメナ、オオバコ、ヨモギ、ツリガネニンジン、カラスノエンドウ、レンゲ、ノビル、コシアブラなど、どこにでも生えているものを材料にして昼食会を開くものである。また、田んぼアート終了後に収穫したもち米をまち協からいただいて学内で販売し、学生が自発的に受入地域への援農活動を継続する契機になったこともある。でも、長年この実習に付き添ってきて、農家に本当に喜ばれたのは地元の祭りの「神輿担ぎ」だった気がする。また、農家から「農作業にはあまり役立たなかったが、学生から若さをもらって、集落が元気になった」といわれたことはうれしかった。

食農コープ教育プログラムの2年目には、大学で「兵庫県農業環境論」で県庁の実務者から農業の実態を聞くことになる。この中には別項で述べる「環境創造型農業」に関する取り組みや、兵庫県の特産農産物の紹介など、県内の農業の実際を述べてもらい、話し合いにより学生からの具体的な提案もしなければならない授業である。この担当は高田　理教授・中塚雅也准教授である。

３年目には宿泊を伴う実習である「農業農村プロジェクト演習」（後の「実践農学」）と進んで、校区や集落に具体的な課題解決の提案をするようになる。これまでに行ったものは、真南条上営農組合では生物多様性の調査、水田の減農薬機械除草の実施（別項参照）、灰屋を使った焼き土づくり、牛糞堆肥、腐葉土を作成してリサイクルな土づくり、森づくりグループ（別項参照）、福住集落では空家の現状調査、集落の宝探しなどである。集落の宝探しは、古老などから集落の知識についてお聞きしたもので、「福住の宝もの」http://sato-sasayama.jp/tourism/fukusumi/ にまとめてあるのでこちらをご参照いただきたい。このように、多くの学生や教員が関わって地域連携が進められてきたのである。

【「お宝発見」、農村の価値を発見する】

伊藤は神戸大学に赴任した翌年の２００６年４月から真南条上営農組合にはお世話になっているが、最初のきっかけは兵庫県で最も南に生育する但馬型のオオアカウキクサがあるという情報を得て、それを見に行ったことである。水の湧き出る湿田が稲作に使えないため、営農組合がビオトープを作るという、農家発の生物多様性保全に心底驚いたものであった。篠山市に来てみてカスミサンショウウオやアギナシがたくさんいて、ますます気に入っている。

農林水産省時代には岩手県雫石町の水の湧き出る休耕田でサワオグルマ、サワヒヨドリ、アギナシ、クサレダマ、カキラン、オオバノトンボソウ、オオミズゴケなどを、沢内村（現在の西和賀町）の畦畔でオオニガナなどを観察していたので、里山の絶滅危惧植物にはとりわけ興味を持っていた。それからかれこれ10年になるが、一番の思い出は営農組合の田んぼとして使えない強湿田で学生たちと泥んこ遊びをしたことであろう。伊藤が茨城県つくば市の「宍塚大池の自然と歴史の会」での足踏み代掻きの体験を神戸大学の学生とやってみようと計画し、授業の中で実施した。参加者全員が肩を組んで足踏みをしながらゆっくり進むことで、人力で代掻きができる。生えていた雑草を足で土の中に押し込み、田植えができるようにするための農作業である。足踏み代掻きだけではなく、板を使って田面を水平にすること、泥んこバレーや泥んこ旗取りゲームなど無邪気に田ん

代掻きの大変さを学ぶ

ぼの中で泥と触れ合うことで、学生は農学的視点から代掻きの大切さを知ることができたと思う。また、泥の中に横たわることで、生物学的にはイモリ、トノサマガエル、ドジョウの存在に気づき、生物多様性について思いを巡らしたことであろう。さらに、工学や土壌学的には土や粘土の役割を理解したものと思っている。泥んこ遊びは都会では得られない貴重な経験と考えている。

学生が興味を持った動植物や歴史的なお宝に関しては、農家の人たちにその成り立ちや生きざまを習うことにより何らかの出口を見つけ、「地域お宝地図づくり」とか「栽培支援のための生物暦づくり」などの形にしてきた。これらは農業の持つ季節感と農家と大学の話し合いのきっかけづくりに役立った。

おこがましいことであるが、集落の問題点を見つけて解決法を提案することが本当の意味で大学と地域の協働であろう。農家の人たちにとって生物多様性はお金になるのだろうか？　先に述べた「足踏み代掻き」の成果であったコンバインも入れない強湿田を何かに活用できないだろうかと思いを巡らした。そして、「生物多様性湿地」をクワイとかスイタグワイの栽培で特産化を図ろうとしたり、ビオトープの拡張なども考えたが、なかなか進展しない。このように学生の専門への橋渡しはまだうまくいっていないし、ここに就職しようという学生はまだ出ていない。農村への定着はちょっとやそっとでは成し遂げられない。とはいえ、学生の側にも少しずつ変化が出てきた。篠山に住みたいという学生が出てきたり、篠山市のインターンシップに応募したり、お世話になった農家への援農に行きたいという学生が生まれてきたのは確かである。

【学生グループの自主的な取り組みの発生】

この食農コープ教育を土台に4つの学生グループが生まれている。2009年度の1年生が中心になって結成した「ささやまファン倶楽部」は篠山市真南条上集落で活動している。真南条上地域にはなかなか人手が入らない放置林（由利山）がある。この山林の伐採や林道整備を行い、見通しのいいところに東屋を設ける建設に携わってきた。これは由利山を子供たちが遊びに来たくなるような里山にするのが目標である。また、まち協や営農組合が主催する「里山祭り」や敬老会や運動会に積極的に参加し、チンドン屋をしたり、ゲームをする手伝いをしたり、集落が明るくなるよう月1回の催しが続いている。2014年は別項で述べる赤じゃがアイスの販売もした。黒枝豆と一緒に、ささやまファン倶楽部が初めて販売した赤じゃがアイスは、好評により開始後わずか30分で完売した。

2010年度に神戸市からは最も遠い福住地区にできた「ユース六篠《りくそう》」は農業ボランティアなど地味な活動をしてきた。この地区は京都から近いこともあり、立命館大学など他大学との交流、この地域にある篠山東雲高校との交流などユニークな活動を展開している。古民家に学生が住んだのもこの地区である。

2011年度は畑地区の「みたけの里づくり協議会」の応援部隊「はたもり」が生まれている。団体名は畑地区を盛り上げるという意味である。高齢化と少子化で規模が縮小し、存続が危ぶまれていた「はた祭り」に参加して、実際に神輿を担がせてもらっている。これには「はたもり」のメンバーだけでなく、神戸から興味ある学生や一般市民に声をかけて盛大に盛り上げた。もちろん、農業ボランティアとして普段から農業者との付き合いがあるからうまくいくのである。メンバーはこれらの作業を通して、地域から自分たちが学ぶこと、また地域の人たちにどのようにしたら影響することができるか真剣に考えている。別項で述べる「さ

存続が危ぶまれていた「はた祭り」

る×はた合戦」はこの地域住民の高齢化に応じた、新しい獣害対策の形を提案している。
２０１２年度の援農隊は「にしき恋」といい、西紀南地区に恋してしまったメンバーが毎週現地に通うようなハードな団体である。参加学生数ももはや授業とは関係なく、１００名以上の学生が全学から集まっている。休耕地を借りて自分たちで野菜や米を生産し、販売まで行っている。販売活動は全国の農業系サークルとの交流の機会にもなり、西紀南地区の宣伝の場ともなっている。これらは学生中心に運営されているのがすばらしいところであるが、連携疲れが心配でもある。こうした学生団体が大学とは独立して、社会人になっても末永く農家と付き合えたらいいと思う。

【次世代に紡ぐ農へのまなざし】

こうして育った学生を見てみると、大学教員が農学部の学生に伝えねばならないのは生産性向上技術ではなく、「農へのまなざし」ではないだろうか？　他人を蹴落として職を得なければならない世相の中で、農業や農村での活動は、そうしなくともよい数少ない持続可能性の高い産業である。農村生態系をうまく活用することによって、持続的に作物生産、家畜の飼養、里山の保全ができるからである。結果として生産性の向上が図れればそれに越したことはないが、まず難しい。子供の頃、生物が豊かな農村で育ったことを次世代に伝えることが、年配の教員の一つの責任のようにも思った。地域を愛し、持続的な農業を目指す。次世代にどのように農業へのまなざしを伝えていくかがこの授業の大きな課題である。こうした活動の中での、具体的な「課題解決」への神戸大学農学部での取り組みについて、次節以降で紹介したい。

2 「丹波の赤じゃが」と農家レストラン「あかじゃが舎」

伊藤一幸

【神戸大学のジャガイモ研究と真南条上営農組合】

神戸大学農学部附属農場（兵庫県加西市鶉野町）には保坂和良教授というジャガイモ研究の第一人者がいた。保坂さんはおいしい馬鈴薯（彼はジャガイモといわずに馬鈴薯といいはった）を兵庫県の特産にしようと考えていた。そして、２００８年９月に伊藤が農場長（実際は、食資源教育研究センター長という）であったとき、附属農場発の新技術を兵庫県のどこかの営農集団に技術移転をしたいと考えていた。一方、農事組合法人「真南条上営農組合」は新しい作物の導入を模索していた。こうした両者の思惑が一致しただけであるが、２００９年１月には試食会を設け「ネオデリシャス」の導入がすんなりと決まった。

本項では営農組合に導入した附属農場発の新技術を地域連携としてどのように展開したかについて西村咲香さんの卒業論文に基づいてその経過を述べ、その後の展開を補足する。

もともと「ネオデリシャス」とか「アンデス赤」といわれているジャガイモは、ほくほく感がありい味の良い品種で、特徴として皮が赤く、中は真黄色で、カロチノイド含量が高い品種である。

しかし欠点として疫病に弱く、貯蔵性が低いこと、煮崩れしやすいことが挙げられていた。最も大きな問題点は芋が大きくなると空洞が発生しやすいところである。

こんな欠点だらけのジャガイモを特産として栽培するには、いろいろと注意する必要があった。空洞を防ぐには大きな芋を生産しないこと、このためには①種芋を小さなものを切らずに丸ごと使い、肥料は制限すること、②萌芽したシュートの芽掻きをしないで、たくさんの茎を立てること、③水はけを良くするか、高く畝立てすること、④秋じゃがは病気になりやすいので、春作主体とすること、などの励行であった。そして、できるだけ農薬は控えるが、疫病が出たときはきちんと対応すること、などが取り決められた。

赤じゃが栽培における学生の畝間除草

営農組合は篠山市の南部に位置し、国道372号線沿いの閑静な水田地帯にある。古刹龍蔵寺から流れ出る武庫川の源流（真南条川）の水田地帯であり、40 haあまりの土地を主として特別栽培米の水田として組合が管理している。酒井　勇前理事長を中心として、数名の理事やオペレーターで運営されている兵庫県でもとびきりまとまりのいい営農組合である。清流の恩恵を受けて米づくりを行っており、ホタルが飛び交う水田で、日々環境に配慮した米づくりを行っている。またこの営農組合の特徴は、兵庫県が推奨している環境創造型農業を実践するのはもちろんのこと、環境保全のシンボルとなる生き物と共生するビオトープ田を営農組合が設置している点である。特にここに多かった水生植物はオオアカウキクサ（但馬型）やアギナシであり、両生類ではカスミサンショウウオである。

【丹波の赤じゃが誕生と発展】

２００９年４月から水田を転作したほ場で、赤じゃがの生産が始まり、組合員以外でも神戸市シルバーカレッジ、ふるさと村、「実践農学入門」の学生、地元篠山東雲高校生などが手入れをした。6月末には小さな丸い芋がたくさんできた。次ページ口絵に示すダンボール箱のデザインも決まり、高校生が開発したレシピをインターネットのホームページにも載せた。また、店頭販売を大学の授業の一環として実施した。営農組合も学生もそれぞれ商品名を考えたが、結局新感覚の学生が考案した「丹波の赤じゃが」に決まった。これらは地域連携センターの近藤　史研究員の成果でもあるが、保坂先生の栽培技術指導や学生による命名（商品化）、ダンボール箱のデザイン化、レシピの開発、販路展開などを総合的に考えたことが成功要因であろう。

翌年には「赤じゃがレストラン」と称して、営農組合の機械格納庫などで試食会をアクションプランとして開催した。実はこれも授業の一環であり、「農家レストラン」のメインに丹波の赤じゃがを置き、地域ブランドとしての定着、地域の活性化と学生との交流などが目的であった。メニューは学生が考え、スープ、ピザ、デザートなどに赤じゃがが使われた。営農組合の主婦と学生が一緒に料理を作り、地元住民や神戸の消費者団体など１００人の方に食べていただいた。準備や経験不足は否めないが、ある程度の赤じゃがＰＲにはなったものと考えている。ただ、レストランの継続性に関するアンケート結果で興味あるのは、女性は８割も継続性を望んでいるのに、男性は１割しかなく、女性の方が継続について積

極的であった。

現在でも、丹波の赤じゃがは7月と12月に数トン収穫されて、神戸北野ホテルの料理となったり、有機農産物を大切にする神戸のスーパーマーケットのトーホーストア、篠山市の産直ショップのみどり館などで季節限定販売されている。また、数多くの消費者グループでの共同購入もある。営農組合の特別栽培米コシヒカリ、丹波の黒大豆、丹波の赤じゃがはいずれも別項で述べる「ひょうご安心ブランド農産物」の認証を受けており、大学や都市からの援農を力にして販売を展開している。

【赤じゃがの六次産業化と赤じゃが舎】

大学とのコラボではないが、赤じゃがの消費拡大として営農組合独自に企業と組んで、「赤じゃがパン」「赤じゃがアイスクリーム」など六次産業化を展開している。昨年試作された赤じゃがアイスクリームは芋のほのぼのとした香りのあるアイスクリームで、上々の評判である。以上述べてきたように、農村が活性化するために

はこうした長い道のりが必要である。

著者は、「次は真南条地区のデカンショ街道沿いに産直の建物の建設だ、2階には加工場と集会所を設けよう」と提案していたら、本当に農家レストランが立ち上がった。真南条営農組合女性部の皆さんが、2015年9月末に立ち上げた地元野菜を使ったレストラン「あかじゃが舎」の詳細はFacebookページ（農家レストランあかじゃが舎：検索）をご覧いただきたい。使われていなかった民家を改築したもので、営業は当面木、金、土曜日の昼間だけ、赤じゃがコロッケなど地元の野菜を使った手料理が楽しめる農家レストランである。「メニュー立て」だけではなく、営農組合の男性陣の強力なバックアップがあっての開店である。国道372号線に面していないので、ちょっと分かりにくいのが難点であるが、神戸大学関係者ばかりでなく、篠山市内外から比較的ご高齢の皆さんに来ていただけているようである。今後、ますます健全に発展することを期待したい。

3　耕作放棄地でできる野生梨のジャムやシロップ

片山寛則

【野生梨のジャム、シロップの誕生】

野生梨のジャム

ジャム瓶を開けた瞬間に広がるフルーティーな香り、爽やかな甘酸っぱさ、梨特有のシャリシャリとした歯触りなどこれまで食べたことがない味のおいしい野生梨のジャムが誕生した。パンに塗るだけでなくビスケットやチーズにのせて、ハムのソースやヨーグルトソースとしても有望である。これらは一般的な梨の栽培品種（以下、ニホンナシ）とは異なるとても酸っぱい野生梨（pH 2.8）を使うことで引き出された特徴である。酸っぱさの成分はクエン酸であり、リンゴやニホンナシに多いリンゴ酸と比べてクエン酸はより強い酸味を呈する。野生梨を使うことで酸っぱいけれど苦みやえぐみはなく、砂糖のみで酸味の効

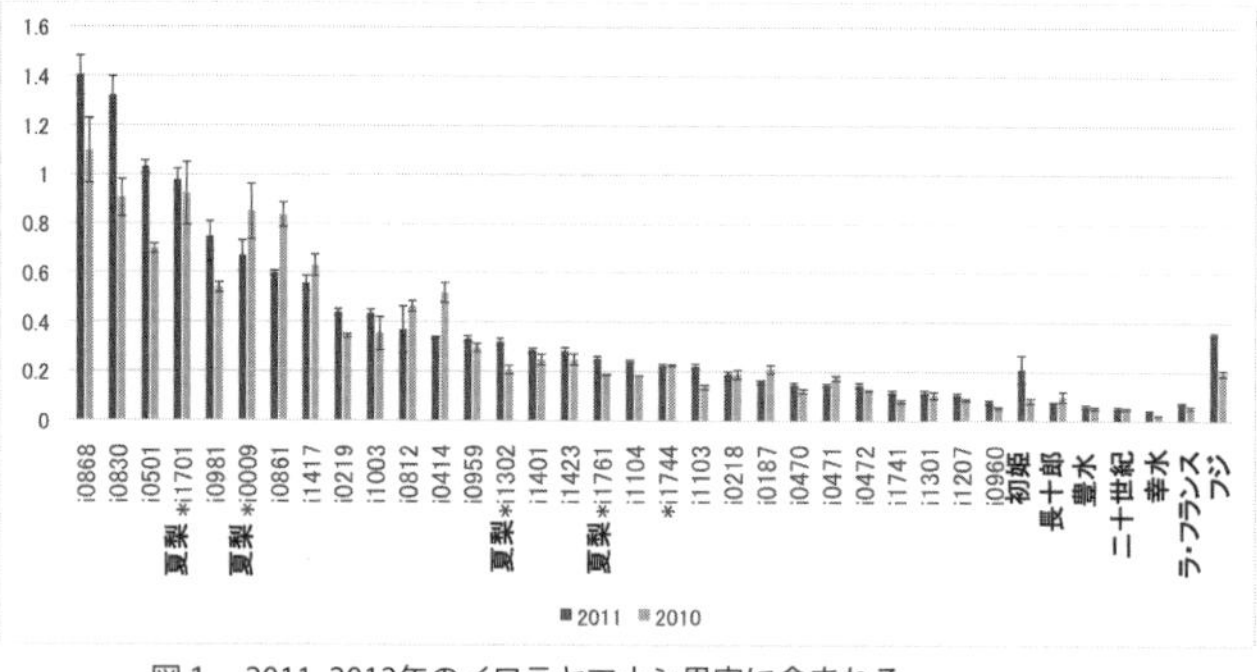

図１　2011、2012年のイワテヤマナシ果実に含まれる全ポリフェノール含量（Barが高いほど含量が多いことを示す）

いたおいしいジャムに仕上がった。また野生梨にはポリフェノール類も非常に多く含まれ、抗酸化力がニホンナシに比べて約20倍高いなど、機能性を持つことが明らかになっている（図1）。さらに香りを逃がさない製法により、フルーティーでまったく新しいテイストの野生梨のジャムが誕生した。

野生梨のシロップ

香り豊かで爽やかな甘酸っぱさ、炭酸水、牛乳、水で割ってもおいしく、ヨーグルトソースとしてもマッチする野生梨のシロップが誕生した。このシロップにも豊かな香りと強い酸味を持つ野生梨を使っており、ニホンナシが持っていない香気成分が多く含まれている。またクエン酸を主体とした有機酸も多量に含まれる。脂肪を燃焼するとされる機能性成分の一種であるクロロゲン酸（Chlorogenic acid）や総ポリフェノール含量も高いなどの特徴も持っている。野生梨のシロップは北海道の甜菜糖と混ぜた果実抽出液のみで食品添加物は一切使っていないシンプルな製法によって作られている。これらの加工品が神戸大学との共同

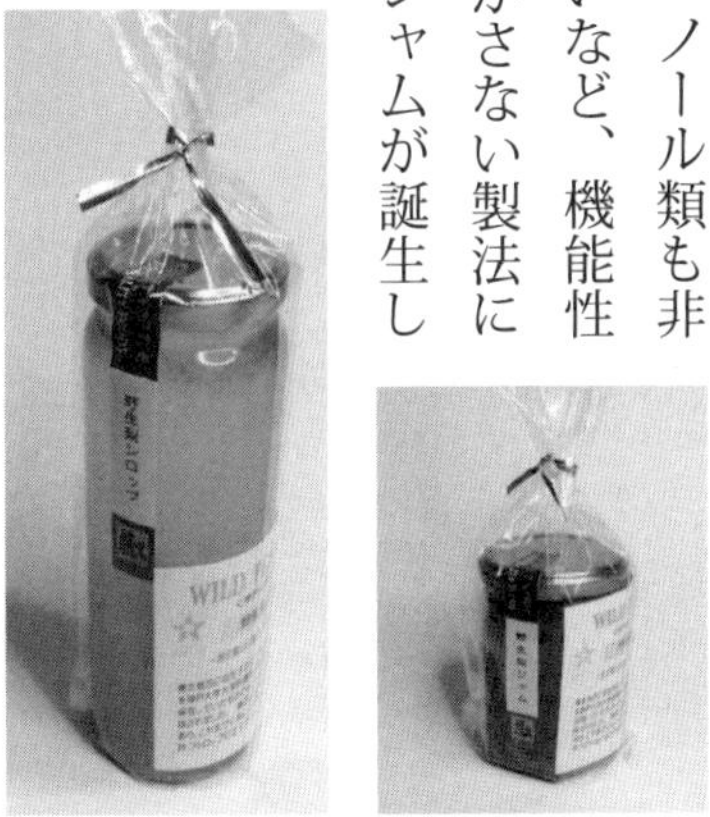

野生梨のシロップ（左）とジャム（右）

研究により生まれた経緯をここに紹介する。

【樽正本店とのコラボ】

野生梨プロジェクトは2009年8月（株）樽正本店の顧問である石川　徹氏が突然、神戸大学農学研究科附属食資源教育研究センター（附属農場。以下、食資源センター）を訪問したことから始まった。樽正本店は神戸市灘区に店舗を構えており、フルーツジャムやジェリー、コンポートにとどまらずピクルス、ちりめん、鯛めし、極上牛肉丼などの農水産加工品製造を得意としている。阪神淡路大震災により、本店舗・工場が全壊した後は琵琶町の新店舗にて全国の個人顧客を対象にダイレクトマーケティングに特化する形態で営業されている。樽正本店の企業理念として添加物に一切頼らず、とれたての新鮮な材料を使った、作りたてのおいしさを大切にした本物の加工品づくりを目指している(樽正本店のホームページを参照：tarumasa.jp)。石川顧問はユニークなものを嗅ぎ分ける非常に敏感な感覚をお持ちであり、これまでも樽正本店は経済産業省の地域産業資源活用計画の認定を受け、中世ヨーロッパの王侯貴族たちがジャムとして好んで食したといわれるリアルジェリーの開発やKOBEドリームキャッチプロジェクトX‐KOBE認定、ひょうご農商工ファンド事業の採択、成長期待企業・チャレンジ企業、神戸セレクションの認定など、数多くのユニークな商品開発の実績を持つ企業である。

石川顧問が食資源センター片山研究室のホームページ（http://www2.kobe-u.ac.jp/~hkata）をご覧になり、野生梨に興味を持たれて食資源センターを訪問されたのがこの製品ができたきっかけである。添加物を一切使わないという樽正本店の企業理念に共感し、野生梨のジャムを試作するコラボレーションが始まった。一般的なニホンナシの栽培品種は生食用に品種改良が加えられ、サクサクしたジューシーでとても甘い世界に誇る果物である。しかしニホンナシをジャムなどの加工用に使用した場合、味にメリハリがなく単純な味になりがちである。それに比べて野生梨は香りが強く、非常に酸度の高いものがあり素材の味を活かした加工品が誕生すると考えた。さっそく食資源センターに保存されている野生梨のうち２００９年に14種類、２０１０年に15種類の合計29種類を使ってジャムに適した個体の選抜が始まった。そして２０１１年に〝霜畑梨《しもはたなし》〟が最有力候補に絞り込まれた。時を同じくして２０１１年度より3年間、樽正本店がひょうご農商工連携ファンド事業の〝野生梨を使用したジャム等の開発〟に採択され、共同研究に弾みがついた。その後も香りを逃がさない製法の改良を重ねて、２０１３年に香り豊かな酸味の効いたジャムの商品化の目途が立った。フルーティーな香りは熱をかけると揮発して消えてしまうため、香りを残す特別な製法が樽正本店によって開発された。野生梨の〝霜畑梨〟は岩手県久慈市山形の霜畑地区で採集されたことが名前の由来であり、著者により命名された。

ジャム用の材料と製法が決まり、２０１２年４月に篠山市真南条上営農組合の休耕田（耕作放棄地）に食資源センターから６年生の台木を移植した。そしてその台木に〝霜畑梨〟を接ぎ木した。ジャムと並行して２００９年より野生梨の豊かな香りを活かしたシロップ、果実酒用の野生梨の選抜も始めた。シロップ用に選抜された〝夏梨〟は〝夏に熟す梨〟という意味の総称であり、青森県南東部、岩手県、秋田県の広いエリアで見つかっており、総じて熟期が極めて早いものである。最も早い個体は兵庫県で７月上旬には熟して落果する。〝夏梨〟は鳥取大学農学部の板井研究室との共同研究からニホンナシと比べて成熟促進ホルモンであるエチレンが非常に多く産生される梨であることが明らかになった。エチレン発現を制御している遺伝

夏梨の果実

霜畑梨（しもはたなし）

子のＤＮＡ配列が他のニホンナシとは異なっており、イワテヤマナシ特有のＤＮＡを持つ可能性がある（浜ら、２０１１年）。今回シロップ用に選抜した〝夏梨〟は芳醇で豊かな香りを持つイワテヤマナシの中でも最も良い芳香を放つ〝夏梨〟の一つである。岩手大学教育学部の菅原研究室との共同研究により〝夏梨〟には甘くフルーティーな香りの原因物質であるメチル・エチルエステル、アルコール類が香りの弱いニホンナシの数十から数千倍も多く含まれていることが明らかになった（図２）。

また〝夏梨〟は有機酸含量も高い。現在のニホンナシには酸味はほとんどないが〝夏梨〟は強い酸味を持つ。pH2.9という食酢とほぼ同じ酸度のため生食には不向きだが、加工用には適する。一般にリンゴやニホンナシはリンゴ酸が主要有機酸であるのに比べて〝夏梨〟の有機酸はクエン酸であり酸組成に特徴がある（図３）。さらに〝夏梨〟は直径３㎝程度の小果の個体が多いがシロップ用に選抜された〝夏梨〟は果実重が60g以上と、野生梨の中では大果でジューシーな

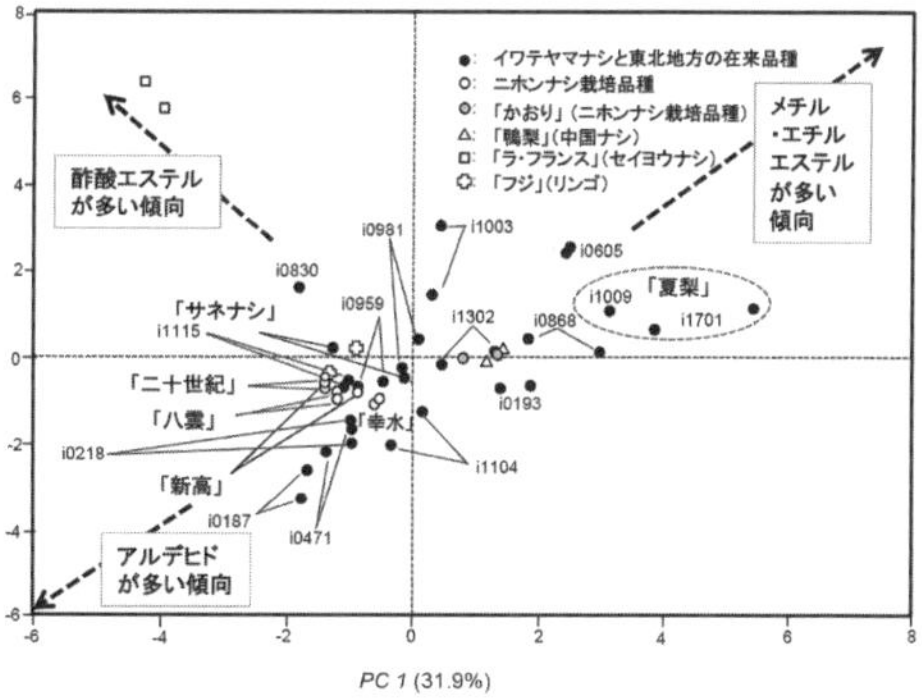

注）iで始まる数字はイワテヤマナシの系統番号を示す

図２ 11種類の香気成分を指標としたイワテヤマナシ香気の特長付け

ため、果汁の抽出効率が高いなど多くの特徴を併せ持つ非常に個性派の梨である。その結果、2013年に香り高く、甘酸っぱい野生梨のシロップが完成した。野生梨のシロップはひょうごの豊かな自然や歴史・文化を生かして〝地域らしさ〟と〝創意工夫〟とを兼ね備えた「五つ星ひょうご」ブランドに選定された。

【篠山市真南条上営農組合での野生梨の栽培、六次産業化をめざして】

きっかけは2009年より〝丹波の赤じゃが〟の種芋を食資源センターから提供していた真南条上営農組合の酒井　勇氏との出会いから始まる。全国的に耕作放棄地が拡大しており問題になっているが、真南条上営農組合の管内でも休耕田（耕作放棄地）が点在しており、その管理に苦慮されていた。さいわい野生梨はニホンナシ栽培品種に比べて病害虫への抵抗性が強

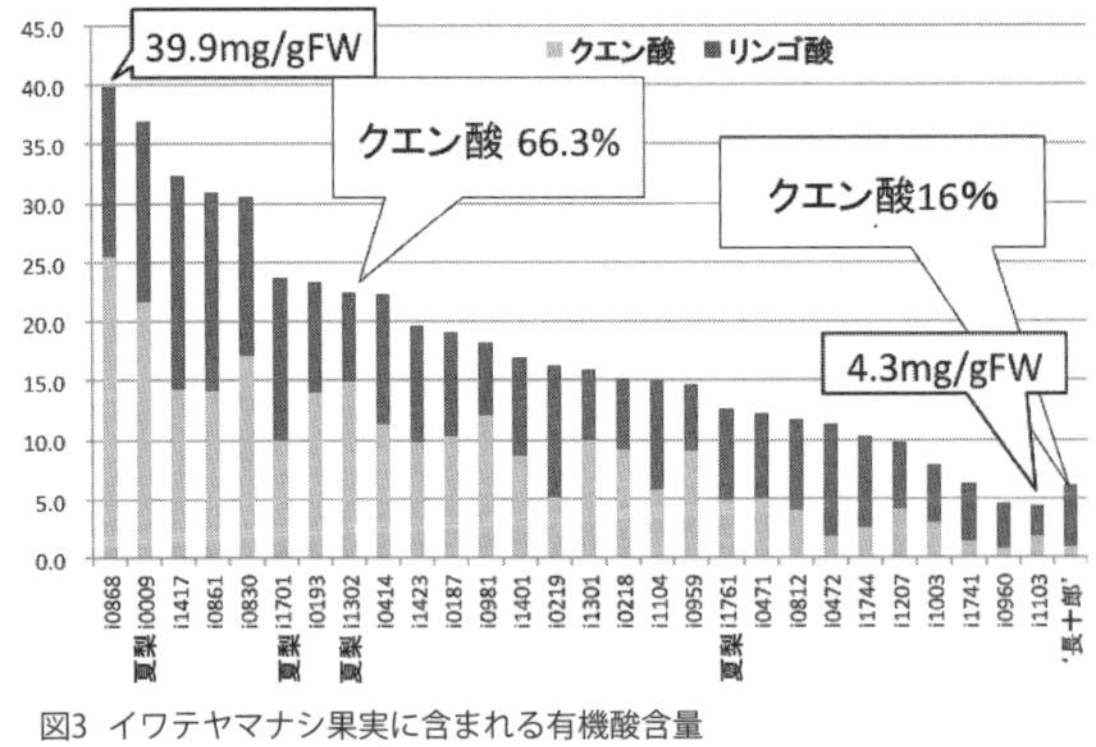

図3 イワテヤマナシ果実に含まれる有機酸含量
クエン酸とリンゴ酸の含有率を色の濃淡で示した（数字は系統番号）

く、最小限の防除によりほとんど農薬を使うことなく育てやすい特徴を持っている。酒井氏と組合員に野生梨ほ場に転換することで放棄地の解消が可能になるかもしれないことを説明し、真南条上営農組合の放棄地の解消と六次産業化につながるならば、と試験栽培の許可をいただいた。

2010年2月、神戸大学援農サークルの「ささやまファン倶楽部」や片山研究室の学生と真南条上営農組合員らが協力して20年以上放置された水田跡地（20ａ分）に伸び放題のササを取り除く作業から始まった。ササは根を張ることから完全に駆除することは相当苦労すると考えていたが、トラクターで鋤くだけでほぼ淘汰することができた。同年4月に野生梨の霜畑梨15本（8ａ分）を定植した。2013年には残りの野生梨32本（12ａ分）を定植して合計5種類47本の野生梨が植栽された。2013年3月に野生梨の枝を支持するための簡易棚と獣害から野生梨を守るための防獣ネットを営農組合員と学生が協力し合って設置した。

もともと野生梨は人の手をかけない岩手県の里山などで生存しており、病害虫耐性を持っていると考えられる。真南条上地区の野生梨ほ場にて無農薬または減農薬栽培が可能かどうか今後調査する予定である。ニホンナシの場合、2年生の台木に穂木を接ぎ木してから結実までに4年～6年間の年月が必要である。この長い待ち時間が栽培面積拡大の最大のネックとなる。そこで待ち時間を短縮するため6年生のヤマナシ台に〝霜畑梨〟や〝夏梨〟の穂木を接ぎ木することで2～3年の時間短縮を目指している。真南条上営農組合の野生梨ほ場にて収穫された果実は野生梨のジャム、シロップ用として樽正本店と契約栽培される予定である。将来的には真南条上地区の他の耕作放棄地にもいろいろな種類の野生梨を植えて栽培面積を拡大したいと考えている。２０１４年度真南条上営農組合は女性を中心に農産物の加工に力を入れようと農水省の「六次産業化・地産地消法」に基づく認定を受けた。すでに「丹波の赤じゃが」を使ったアイスクリームやケーキを試作済みであり販売段階に達している。将来的に真南条上営農組合では野生梨の生産量増加に伴い加工品開発も計画しており、六次産業化を目指している。

【野生梨のふるさと】
イワテヤマナシとは

イワテヤマナシ（ミチノクナシ）は東北地方に自生する野生の梨の1変種（*Pyrus ussuriensis* var. *aromatica*）とされてきた。耐寒性が強く、本州で最も気温が下がるとされる（１９４５年にマイナス35度を記録）岩手県盛岡市玉山区藪川周辺でも自生している。著者及び共同研究者の大阪市立大学理学部附属植物園の植松千代美先生はイワテヤマナシの実態を把握するため1998年より青森、秋田、岩手県の全市町村及び宮城、山形の一部を網羅する生息域調査を行ってきた。これまでに1500本を超える梨の木を見つけており、その約8割が岩手県を南北に走る北上山系に現存する。片山ら（2006年）、池谷ら（2010年）、池谷&片山（2012年）は東北地方の梨集団のDNA分析を行ったところ純粋なイワテヤマナシは約100本程度しか現存しておらず、その他の梨はニホンナシ（ニホンヤマナシ）との雑種である可能性が高かった。現在、純粋なイワテヤマナシは環境省絶滅危惧種ⅠB類に指定され自生地は保護されている。今回の野生梨のジャムやシロップに用いたイワテヤマナシはDNA分析からニホンナシとの雑種個体と考えられる。著者らは純粋なイワテヤマナシとニホンナシとの雑種の両者を含んだ総称としてイワテヤマナシと呼んでいる。とりわけ雑種個体の多くは戦前までは大切に利用されていた歴史を持つ。現在でも山中、牧野、道沿い、家の庭や畑の縁など日当たりの良い場所に独立樹が見られる。

江戸時代に南部藩の農産物調査として書かれた南部領産物誌には〝夏梨〟をはじめ多くの梨の地方名が記載されている。これらは江戸時代以前から持ち主により大切に維持されてきたと思われる。著者らの聞き取り調査で東北地方では梨は単なる果物ではなく、飢饉の救荒作物としても利用され、南部の殿様が梨などの実のなる木（栗、クルミ、栃、柿など）の伐採を禁じていたことなどが明らかになっている。しかし昭和初期以降、交通網の発達により食味に勝るニホンナシを東北地方でも容易に手に入れることができるようになり、イワテヤマナシは利用されなくなってしまった。現在においては世代交代により維持、管理されず、用無し（梨）と呼ばれるなど邪魔者扱いされるようになっている。残念ながら著者が探索を始めてからすでに半数近くの梨の木が伐採された。これらの消失を食い止めるためには①自治体レベルで保護する、②梨の木の価値を見出す、③生息域外保存を行う、などの方策が考えられる。しかし、広範囲に点在する独立樹を行政レベルで保護することには無理があり著者らは梨の利用方法を開発してその価値を見直す（掘り起こす）ことを試みている。

その一環として２０１１年にイワテヤマナシ研究会が発足した（代表：片山寛則）。イワテヤマナシ研究会は岩手県をはじめ東北地方、首都圏、近畿圏より集まった研究者、農林業、食品加工業者、自治体職員、在来種保存会、ライターなど異業種の参加者によって構成されている。これまで勉強会、見学会、試食会などを開催し、イワテヤマナシの利用法や栽培法など幅広いテーマで議論を深めてきた。加工食品業者の協力によりイワテヤマナシを用いた和・洋菓子、シャーベットの試作品、酒造会社による果実酒の試作品などを披露しており、1年に2～3回の頻度で開催されている。その結果、岩手県九戸村の有志によるイワテヤマナシ生産組合が設立され、複数の農家が接ぎ木増殖、苗木を定植しており研究会が技術指導にあたっている。将来的には地域の特産物にするべく産地形成を目指している。イワテヤマナシに興味をお持ちの方なら誰でも研究会への参加が可能であるので、ご連絡をいただきたい。

甘くフルーティーな香りを持つイワテヤマナシの選抜

イワテヤマナシは全ての個体が香りを持つわけではなく、持っていたとしても同じ香りの個体が見つからないほど、香りに多様性がある。果実から漂ってくる香りもあれば口いっぱいに広がる香りもあることが官能評価試験によって明らかになっている。香りの良いイワテヤマナシで果実の香気揮発性成分分析を行った結果では100種類以上の成分が確認された。その中から特に香りの強いエステル類、アルコール類、アルデヒド類などの11種類の香気成分を選んで16個体の異なるイワテヤマナシでそれらの含量を計測し、統計解析して個々の持つ香りを特徴付けた（33ページ図2）。野生梨のシロップ用の〝夏梨〟は特にメチル、エチルエステル類が多く、甘くフルーティーな香りを持っていた（図2右上の座標）。また酢酸エステルが多いセイヨウナシのような爽やかな香りを持つ個体もあった（図2左上）。またニホンナシに含まれるアルデヒド類が多いイワテヤマナシも見つかった（図2左下）。香りがある中国ナシの鴨梨などと比べても〝夏梨〟は強い香りを放つことが明らかになった（図2中央右の三角）。

賢治の〝やまなし〟

岩手県出身の詩人、宮沢賢治の童話〝やまなし〟の一節に『そうじゃない、あれはやまなしだ、流れて行くぞ、ついて行って見よう、ああいい匂いだな。なるほど、そこらの月あかりの水の中は、やまなしのいい匂いでいっぱいでした』とあるように非常に良い香りを持っているのが〝やまなし〟の特徴の一つである。実は賢治の〝やまなし〟は書かれた季節が12月と梨の栽培品種が熟すには遅すぎるため〝やまなし〟は本当に梨なのか、ズミもしくはリンゴか、など賢治研究者の中でも諸説あり議論があった。しかし、著者らの調査によりイワテヤマナシには8月に熟する早生個体から霜が降りる12月になってやっと熟する晩生個体まで多様性があった。イワテヤマナシの分布中心が岩手県の北上山系にあること、過去には身近な存在であったことからも、賢治の見た

〝やまなし〟は紛れもなくイワテヤマナシであろうと思われる。

【イワテヤマナシによる東日本大震災からの復興支援】

２０１１年３月11日に起きた東日本大震災により岩手県の三陸海岸は未曾有の津波被害を被った。イワテヤマナシが現存する北上山系に面した市町村が壊滅的被害を受けた。著者らのイワテヤマナシの探索では多くの地元住民の協力を受けてきたので当時、安否が気がかりでならない毎日が続いた。１９９８年から続けてきた探索調査も地震直後は中止せざるを得なかった。被災地の混乱が少し落ち着いた２０１１年12月から、イワテヤマナシを使って震災の復興のお役に立ちたいという一心から〝校庭にヤマナシの花を咲かせよう〟という活動を始めた。宮沢賢治の〝やまなし〟は多くの岩手県内の小学校6年生の国語の教科書に取り上げられており、県民にとってはとても馴染みの深い童話の一つである。しかし、岩手県民でイワテヤマナシの実物を見たことがある人はほとんどいない。小学校生のみならず教員でさえも同様の状況であった。イワテヤマナシは芳香性果実だけでなく春には純白の花を一面にまと

純白の花をつけるイワテヤマナシ
（岩手県盛岡市藪川）

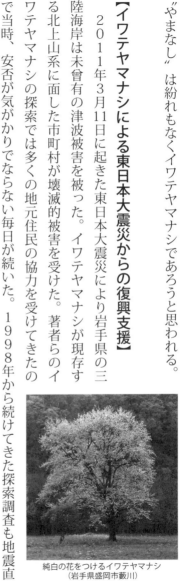

い、それは見事である（下口絵）。学校の教材としてはもちろん、震災の年に植えたイワテヤマナシの記憶が生徒の脳裏に焼き付き、記憶としていつまでも残ることで復興の一助として、またイワテヤマナシの保全の理解が深まればと考えた。そこで被災した学校を含む岩手県三陸沿岸のほぼ全ての小中学校、高校、支援学校を実際に訪問して、校庭にイワテヤマナシの苗木を植えていただくことを企画した。この案は神戸大学の震災復興支援事業の一つとして取り上げていただいた。当時、神戸大学は阪神大震災の経験からたくさんの支援事業を立ち上げており、資金面での援助が得られたのは非常に幸運であった。〝校庭にヤマナシの花を咲かせよう〟は当時の内田一徳研究科長、伊藤一幸センター長、中井啓介事務長、井上隆昭センター室長など神戸大学の多くの教職員の協力の下で進めることができた事業であった。２０１１年12月に大阪市立大学の植松千代美氏、センター職員、研究室の学生を帯同して南の陸前高田市から宮古市まで約50校を訪問して活動の趣旨を伝えた。２０１２年7月には宮古から久慈市、洋野町までの残りの約50校を訪問した。訪問した学校はまだまだ混乱しており、復興といえるレベルにはほど遠い状況だったが、突然の珍客にも大変丁寧に対応していただいた。最終的にこちらの趣旨を理解いただき、半数以上の学校にイワテヤマナシの苗木を植栽していただいた。震災直後では校庭はおろか校舎も流された学校がたくさんあった。このため校舎の建て替え、統合などの準備が整った時点で順次苗木をお送りすることにしており、現在も活動は続いている。２０１２年10月この活動に対して神戸大学学長表彰の特別賞が授与された。そろそろ校庭で成長したイワテヤマナシが花をつける頃であり、現地の学校への再訪を楽しみにしている。

【神戸大学食資源教育研究センターのイワテヤマナシとその利用】

これまでの北東北の梨探索によって発見したイワテヤマナシ及びイワテヤマナシとニホンナシの雑種個体、東北地方の在来種など７５０本を兵庫県加西市に位置する食資源センターの果樹園にて順次接ぎ木保存してきた。現時点で90ａの野生梨保存園として維持されている。これらの野生梨の生息域外保存は基本的に神戸大学のみで行われている。著者は保全活動のみならず貴重な遺伝資源として利用（例えば育種母本、台木の選抜用として、在来種の保存のためなど）することが重要と考えており、他の研究機関へ穂木や苗木を配布してきた。また、東北で梨の木が見つかった地区の地域おこしの素材としての利用など梨の里帰りを目的として、希望者に分譲している。これまで述べたとおり食資源センターで保存されている個体の多くがすでに結実し、育種材料、機能性成分分析、地域おこしや産地化など基礎研究から応用研究まで幅広く利用されている。特に育種において高品質、高付加価値を目指すための果実の香り、機能性成分、早晩性、落果性、無核性（種なし性）、耐病性などニホンナシが持っていないイワテヤマナシに特有な特徴の掘り起こしや、日本にはない観賞用梨の選抜などを行っている。しかし、すでに食資源センターの野生梨保存園における適切な保存数を超過しており教職員、学生だけでの管理が困難になりつつある。

樹木の系統保存は広大な面積と多くの人手を必要とするので、当初、枯死などの消失を防ぐため全て2個体ずつ保存していたが、木の成長に伴い維持管理が難しくなっており、現在では1個体のみの保存にならざるを得なくなった。省力化のための管理しやすい樹形、防除回数を減らす、他の研究機関での保存などを模索する必要があり、野生梨遺伝資源の維持管理は今後の大きな課題の一つである。

4 有機水田には新しい機械除草を

庄司浩一

ここ半世紀の除草剤の普及により、水田用除草機の開発及び販売は目立つことはなかったものの、その需要がなくなることはなかった。細々ながら受け継がれてきた機種のみならず、最近では拡大する有機栽培（またはそれに準ずる栽培）に対応すべく新たに市場に投入された機種もある。一見、枯れた古い技術のように見えながら時代の要請に対応しつつ進化する水田用除草機について、ここでは筆者自身が得た知見も加えながら述べたい。

【現在でも入手できる水田用除草機】

表1に市販機の特徴を、操作方法、動力、作用場所に分類してまとめた。市販機は全て条間と株間で除草機能が区別されているのが特徴で、下に行

表1　市販されている水田用除草機（2016.8現在）

種類	販売元	商品名	動力	条間	株間	備考
手押し除草機	大昭農工機	水田中耕除草機	人力	羽根車	なし	アルミ製
歩行型除草機	美善	あめんぼ号ミニ	牽引	かご輪	羽根	前方の駆動輪で牽引する
	大昭農工機	ミニエース	回転	ロータ	（かご輪）	株間はオプション，ロータが駆動輪
	大竹製作所	水田中耕除草機			なし	ロータが駆動輪を兼ねる
	やまびこ	パワーカルチ			なし	同上
乗用型除草機	美善	あめんぼ号	牽引	かご輪	羽根車	四輪田植機後部に装着
	みのる産業	水田除草機 (A)			羽根車	専用の三輪走行車腹部に装着
	キュウホー	田'米カルチ (B)			固定レーキ	四輪田植機後部に装着
	クボタ他2社	高精度水田用除草機 (C)	回転	ロータ	振動レーキ	各社の四輪田植機後部に装着
	みのる産業	水田駆動除草機				専用の三輪走行車腹部に装着

A, B, C：次節で紹介する試験機に対応

くほど高能率で省力化できる機械となるが、相応の価格となる。

手押し除草機は、戦後まもなくまでは各地の小規模メーカーで生産され、全国的に使われていたもので、現在では博物館などでよく見られる。しかしながら、除草剤の効果が見込めない掛け流し灌漑を行う棚田や小規模農家での需要もあり、現在でも軽量のアルミ製で市販が行われ使用されている（図1）。図1のような1条用に加え、多少重くなるが2条用もあった。留意点として、かつては25㎝正条植えに対応していたが、田植機の普及により条間30㎝が標準となったため、現在市販機もそれに対応した多少幅広の仕様となっている。人手による正条植えの場合は、縦方向だけでなく横方向に掛けることにより株間も除草できたが、田植機による移植では行程ごとに株間が必ずしも揃わないので、原則として条間除草だけとなった。

図1　手押し除草機の利用（三重県熊野市丸山千枚田）

歩行型除草機は、機械除草体系の導入機として長い歴史を持っている。一部の機種を除き条間ロータが駆動輪を兼ねており、抵抗棒で走行速度や作用深さを逐次調整しながら原則として条間除草だけを行う。しかし株間も除草できるように、近年の研究でいくつか工夫が試みられている。一つは、稲と雑草の引抜力の差を利用したもので（後述のチェーン除草と同じ考え方）、初期除草を前提に、株間部分の回転軸にブラシを装着する方法である（図2）。これは同じ条間除草機構を持つ乗用型にも応用した研究例もあるが、歩行型の場合は作業者が条間ロータの作用深さを調整しながら運転する際に、深くしすぎるとブラシによって稲に損傷を与えてしまう点に注意が必要である。もう一つは、移植を5条植えで行う際に行程間を35㎝とっておき、3条の歩行型除草機の両側のロータの位置を変えて2回かけることにより、条間除草ながら株間除草に準じて株際ぎりぎり（ただし中央のロータが担当する条間は不可）を狙って作業する方法である。条間ロータの作用が強力であるために、この方法はコナギやイヌホタルイの激発田でも対応が可能であるが、原則2回作業が必要である。

図2　回転ブラシを装着した歩行型除草機（島根県農業技術センター他・月森ら。日本作物學會紀事、81（別），62-63, 2012.）

乗用型除草機（図3）は、より大規模経営での利用を前提としている。このうち、表1の牽引型の機種は各メーカー独自による開発機である。一方で回転動力を用いる高精度水田用除草機は、国立研究機関と農機メーカー共同による農業機械等緊急開発・実用化促進事業（以下、緊プロ）開発機であり、2000年から発売されている。作業機部分は共通として、大手メーカー3社の田植機に装着可能なように、各社ごとにヒッチ部分を特化させて販売されている。この機種の特徴は、株間除草機構に初めて振動機構を取り入れたことであり、雑草が大きくならないうちならば株間でも除草率は60％程度で良好とされている。水田駆動除草機は同じく緊プロ開発機の最新版で、やや小規模の経営を対象とし、構造的には除草機Cに準じた機構（図3C）を専用の走行装置の腹部に搭載する方式（図3Aの様式）としている。特徴として、作業位置を直接確認しながら走行速度が除草機Cの最大約2倍で作業でき、株間振動レーキを条間ロータの後ろに配置した（図3Cの逆）ことで、レーキへのアオミドロなどの絡みつきが回避され稲の欠株が減少する点が挙げられる。

図3　乗用型除草機各種（左より表1の除草機A, B, C. 左から右に進行方向）

近年になって在野から誕生し改良と普及が進む技術として、チェーン除草機が挙げられる。人力牽引型から田植機搭載型まで種類に幅があり、簡単に自分で作ることができ製造販売元も多様なので表1からは除外している。この方法では、条間と株間の区別なくチェーンによる表面撹乱で抜根できる程度の大きさの雑草を対象とするため、構造が簡単で済む代わりに、通常の除草機よりも移植後早めに作業を開始し（移植後1日で行った事例もある）、また頻度も高く行う必要がある。チェーン除草の実施で当然ながら稲も倒伏してしまうが、抜根されないので1日程度で回復する。ただしアオミドロが厚く発生した場合は被覆されて回復せず欠株となりやすい。

図4に具体的な製作例を示す。図4左は、30ａ前後の作付けでの試行などを目的に一人で牽引できるように設計されている。チェーンの取り付け部にヒル釘を用いて木製のはりをかさ上げし、ヒル釘の丸い頭が地面に接触しつつ直接はりで稲を根元から倒さないようにするとともに、おもりを載せて除草効果を容易に調整できる工夫がなされている。これを車両に搭載することもできるが、もともと人力牽引向けに作られているので、局地的な凸凹が激しい水田や高速での運転には向いていないという。図4中は、田植機を汎用利用することを前提に、後部にそのまま装着できるように設計されており，さらに除草効果を高めるためにチェーン先端におもりがつけられて

いる。図4右は、図3右の後部にチェーンを組み合わせた例で、チェーンの追加でコナギやイヌホタルイの残存本数が半減するとの報告がある。最新の水田駆動除草機（表1、既述）では、後部へのチェーン装着もオプションとして提供されている。これらはほんの一例であって、設計や利用法については現在でも農家や試験研究機関で模索中といってよく、業界誌にもよく取り上げられている（例えば「現代農業」には２００９年以来５回以上掲載）。筆者も兵庫県下で篠山、龍野、神戸市西区などの農家が実際に製作し利用している場面を確認している。残草量及び収量は無除草と完全除草の中間をまずは目標に設定しつつ、さらなる除草率の向上もさることながら、稲の生育の遅れや遅れ穂の発生量との関係など、これから明らかにしていくべき課題も多い。なお，図2および図4中・右のように，動力を伴う既存機に新たな部品を装着する使い方は，現状では安全鑑定を受けていないので，使用者の責任において安全を担保していただくのが前提である。

図4　チェーン除草機の例（左：新潟県農業総合研究所・古川ら. 農業総覧 病害虫防除・資材編 第9巻追録17号, 800-27, 2011; 中：兵庫県立農林水産技術総合センター・牛尾ら; 右：島根県農業技術センター・安達ら. 写真は各機関のご好意による.）

【乗用型除草機3種の実証試験から　～コナギの除草効果について】

筆者は兵庫県の事業として篠山市で行われた2011年及び2012年の実証試験にモニターとして参加した。兵庫県では、但馬地域を中心とする「コウノトリ育む農法」をはじめとした多くの場面で農薬を削減する政策が掲げられており、機械除草技術はその核の一つとなる期待がされている。実証試験に協力いただいた営農組合では、全水田約40 haのうち無農薬水田を1.5 ha程度に設定して米ぬかペレット散布を行っていたが、抑草が十分でないために高精度水田用除草機（C）を導入して組み合わせているところであった。2011年には3年生向けの演習授業（「実践農学」）の一環で、除草作業の見学、水位・水温・地温測定、草種調査、残草調査、測量、収量調査などを実施し、2012年には研究室有志で除草機による土の移動調査を行った。これらをきっかけに、卒業論文及び修士論文のテーマとして機械除草に延べ10名以上が関わってきた。

2011年に行われた5筆の実証水田のうち、筆者らが本格的な調査を行った2筆の水田では、6月10日に移植後すぐに米ぬか散布、10日後から除草機A～Cを用いて10日ごとに除草作業が3回行われた。各試験区とも中苗マット苗を基本とし、除草機Aに関してはポット苗区も設けられた。雑草種はコナギが大半を占めたことから、収穫前のコナギ個体密度で除草効果を評価した。

なお各水田での試験区では、比較的高地の部分と低地の部分を選んで調査を行った。

異なる水田での比較を行うために、水位計の記録と測量結果から調査地点の移植後10日間の推定水深を計算して横軸にし、コナギの残存本数を示した（図5）。除草機B及びCに関しては比較的残草が多く、水深とともに個体密度が若干減少する程度であった。これは6月中旬を過ぎてからはコナギの発生が旺盛になるために、作業がない10日の間に株間除草機構で防除できない大きさの個体が増えて残ったためではないかと考えられる。またコナギは中途半端に深水にしても防除できないという常識からすると、水深とともに残存本数がやや減少する結果に違和感があるかもしれないが、地表面付近の水温の日格差が深水では小さくなることを考えれば、単純にコナギの発生数の差をそのまま反映しているだけとも考えられる。

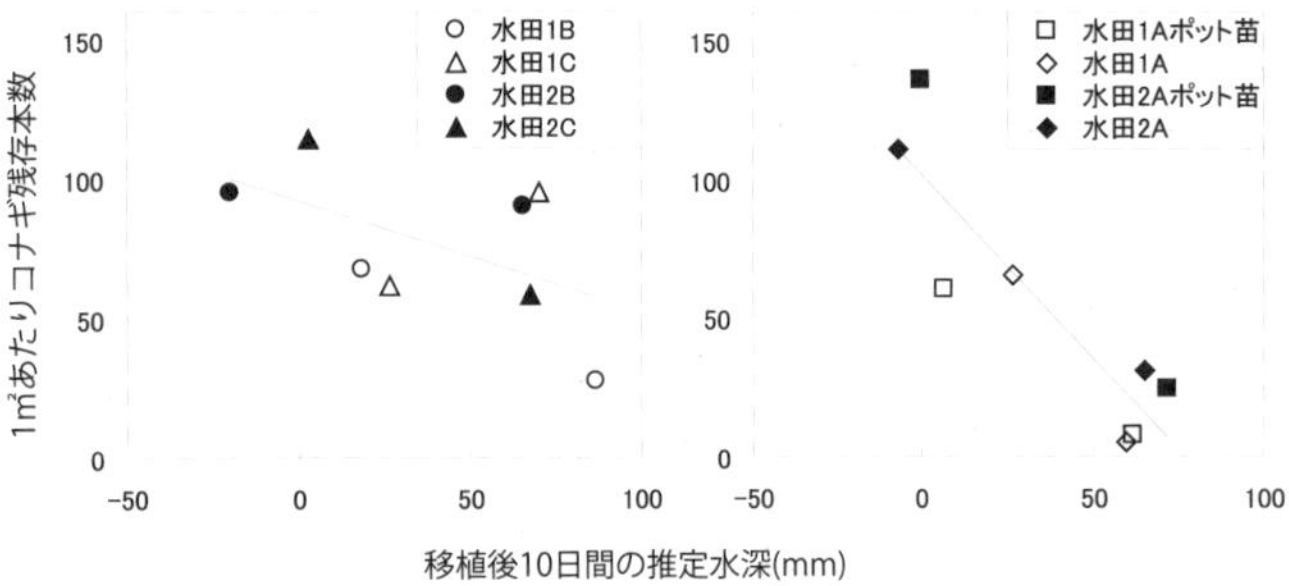

図5　除草機（A, B, C）と水深がコナギの除草効果に与える影響（神戸大学他・Shojiら. Weed Biology and Management, 13, 45-52, 2013.）

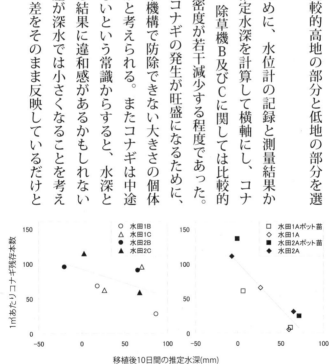

一方で除草機Aを用いると、深水での除草効果が極めて大きいことが判明した。これは当初、除草機Aによる埋め込み反転作用（図6）のためではないかと考えていたが、深水と浅水で極端に防除効果が異なる（図5左）理由の十分な説明はできていなかった。現時点で要因を洗い直した結果、除草機Aの株間除草機構である羽根車（図3左、前方のそりと後方のかご輪の間）が深水では完全に冠水するために回転抵抗が大きくなり、土壌表面での滑りの発生でより強力な作用で大きなコナギ個体に対応できたのではないかとの仮説で研究を進めている。

水深5㎝程度で除草作業を行って土壌の移動を調査した結果（図6）では、条間に比べて株間に散布したマーカの回収率が比較的高かった。これは通常は株間の土は遠くまで運ばれておらず、株間での除草効果はそもそも限定的で大きな雑草への対応には限度があることを示している。実際に試験実施に協力いただいた営農組合では、通常は除草機Cにより機械除草を約10日間隔で行ってはいるものの、例年株間での

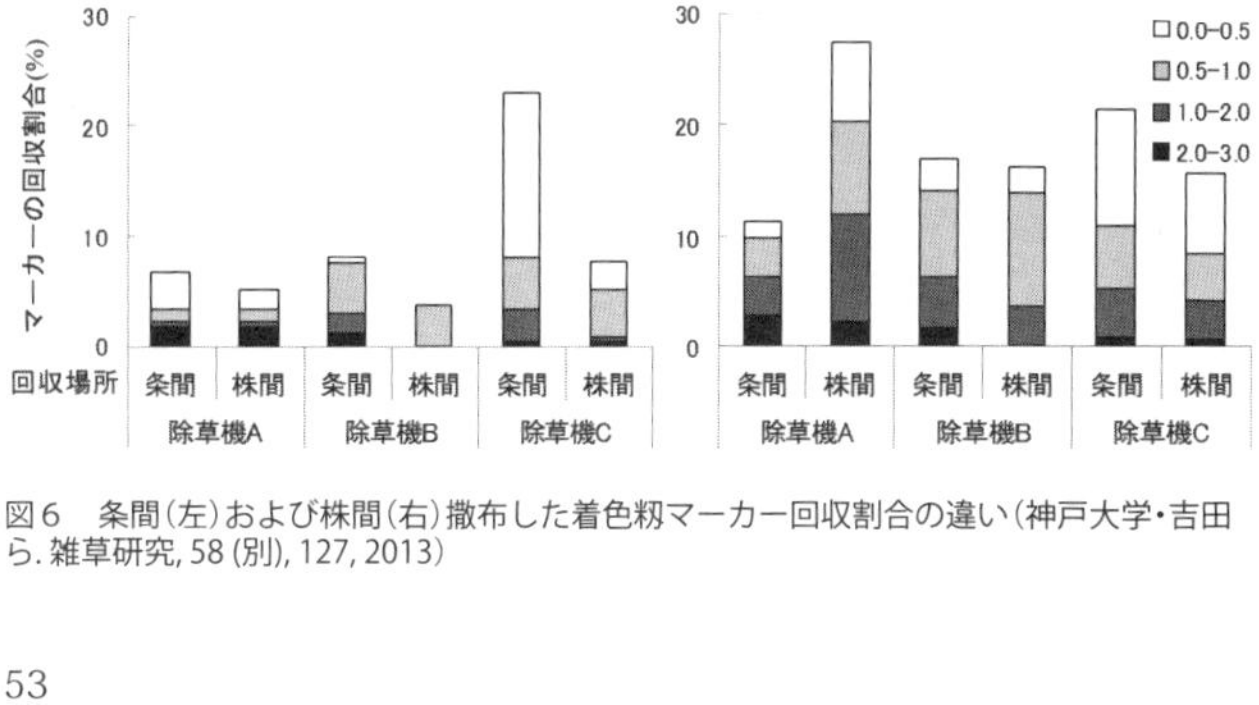

図6　条間（左）および株間（右）撒布した着色籾マーカー回収割合の違い（神戸大学・吉田ら. 雑草研究, 58 (別), 127, 2013）

コナギは完全に防除できないことがほとんどで、その分が直接的な減収要因となっている。従って、除草機C（またはB）に直接的な問題があるのではなく、稲への損傷を与えない程度の株間除草作用となるような広範な条件を想定して、機械そのものが安全側に設計されていると考えるべきである。一方で、深水での除草機Aの高い効果の理由が前述の仮説によるとすれば、羽根車の滑りによる稲の損傷も含めて検討する必要があるため、手放しで有効な技術として認知するのは早計である。

【水田用除草機をより有効に使うには　～特に株間除草について】

ところで前節の営農組合をはじめ多くの農家から、機械除草だけ（あるいは米ぬかなどを組み合わせても）ではきちんと草が取り切れない、とのコメントをよくいただく。少なくとも実証試験に用いた乗用型除草機はどれも一般に、稲への影響を安全側で考慮しているため、それらの株間除草機構で大きな雑草にも対応できるとはいい切れない。さしあたっては株間でより小さな個体を標的とできるように、除草作業間隔を短くするのが確実であろうが、一方で機械除草のために無制限に労働力を投入するわけにもいかない。

そこで、農作業の基本であるとの指摘が出るのは承知の上で、稲と雑草の双方の様子をうかがいながら、稲に損傷を与えない範囲まで株間除草の強度を上げる方法をあえて提案したい。例えば深水管理を行わない水田では雑草がより繁茂する反面、稲の分げつや根の伸長も活発なので、強度を上げても問題が少ないことが期待される。実際に除草機A〜Cについては、株間除草機構の作用深さや横方向の位置変更などには対応できるのであるが、根本的に除草の強度を変えてより大きな雑草に対応するには機構の設計変更が必要となることが多い。前節で考察した除草機Aの深水条件で除草効果が著しく高かった理由が正しいとすれば、まさに作業時の水位の高低だけで株間除草の強度を自ら調整できたことになるが、これは幸運な事例と見なすべきであろう。

ここでは除草機Cについて筆者らが取り組んだ例を示す。株間レーキは先端が土壌に埋まった状態で拘束されて自身が変形しながら振動しているため、レーキの先端部では取り付け部の振幅よりも小さくなっていることから、従来のレーキよりも太い線材を用いてレーキが腰折れしないように試みた（図7左）。単純な直線形状としたのは、すでに多くの農家から指摘されている長い雑草やアオミドロの絡みつきを避けるためである。実際に図7右の手前では従来のレーキに多くの草が絡まっているのに比べ、奥に装着した直線形状のレーキには何も絡まっていないことが観察できる。ちなみにこの直線形状は、除草機Cが開発される途上で製作された試作機の様式を踏襲している。２０１４年の実験では、移植後（米ぬかなし）21日目での初作業で株間の除草率が27％であり、コナギの葉齢の推移と変動幅から、除草率60％を維持するには遅くとも16日目に作業をすべきと推定された。稲の損傷はほとんどなく、最高速の設定で2回連続作業を行ったときにようやく数％の茎の切断を確認した。ただし、所定の2倍のレーキ振動速さを発生する装置を製作して試したところ，株間ツースで横方向に大きく倒伏した稲を直後に条間ロータが巻き込み、ほとんどの茎が切断されていたことから、稲の生育状態を見ながら株間除草の強度を決定することが重要であると改めて確認された。

　このように筆者が直接関わった範囲だけでも、最適な除草機の利用法を見つけるためには、手持ちの除草機の基本的な作用原理を理解しつつも、個々の環境に応じた試行と評価が必要なことが分かる。ゆえに除草

図7　除草機Cにおける通常のレーキと試作した直線レーキ（左）及び作業後のようす（右）
（神戸大学・土井ら. 農業食料工学会関西支部報, 117, 32-35, 2015.）

剤の利用のように作業暦化が難しく、各農家の技量に任せてしまいがちになるのは事実であろう。しかし一方で除草機が作用する現場を作業者の目で確認できることから、次にどのようにすれば改良できるかという解を見つけるのは除草剤を利用する場合に比べて容易である。おそらく普及機関に求められる機能は、単なる作業マニュアルを配ることではなく、農家に基本原理を説明しつつ各現場の事象を集めて共有し考えることではないであろうか。除草剤利用から除草機利用へのシフトは単なる手段の変化のみならず、よりボトムアップ的な要素を必要とする変化でもあるといえる。

5　篠山市における大学と協働したサルの追払い施策
～さる×はた合戦による餌資源管理～

清野未恵子

【はじめに】

日本各地の農村で鳥獣害による被害が問題になっている。獣害問題は近年に始まった問題ではなく、日本人が鳥獣害と戦ってきた歴史は古く江戸時代にさかのぼる。江戸時代以降、乱獲や植林による生息地の減少などによって、野生動物の数は減り、鳥獣害のない時代が続いた。それが、捕獲圧の減少に伴って個体数が増加し、農村に住む人々が田畑を防除する習慣がなくなってしまったことなどにより、鳥獣害の問題が顕著になってきたのである。

さて、私たちは、これからどのように野生動物と付き合っていけばよいのだろうか。過去にならって乱獲と保護を繰り返せばよいのだろうか。日本は先進国の中でも、野生鳥獣が身近に住む自然に近い空間で暮らしている稀有な国である。「昔はこんなに行儀の悪い動物ではなかった」と農村の人々はおっしゃるが、行儀が悪くなったのは動物側だけに問題があるのであろうか。ただ乱獲するのではなく、人と動物とが適切な距離で暮らすためにはどうしたらよいのだろうか。本章では、神戸大学が連携して兵庫県篠山市で進めるユニークな取り組みから、農村で人と野生動物とがともに暮らしていくためのヒントを考えてみたいと思う。

【篠山市の概要】

兵庫県篠山市は人口４２７１３人（２０１６年5月末）で、黒大豆や山の芋、丹波栗などが特産の農村地域である。主要産業は農業であるが、都市近郊まで1時間という立地条件が影響してか、兼業農家の数が多い。

篠山市の鳥獣害被害対策は、２００４年度から始められた。篠山市有害鳥獣害対策推進協議会（以下、協議会）が設立されたが、２００８年度に森林動物研究センターが主体となって、協議会よりもフットワークの軽い被害対策支援チームが設立されてからは、行政と市民と大学とが連携して、実践的な対策活動支援を進めてきた。ここ3年間の被害金額推移をみると、イノシシによる被害金額が最も多い

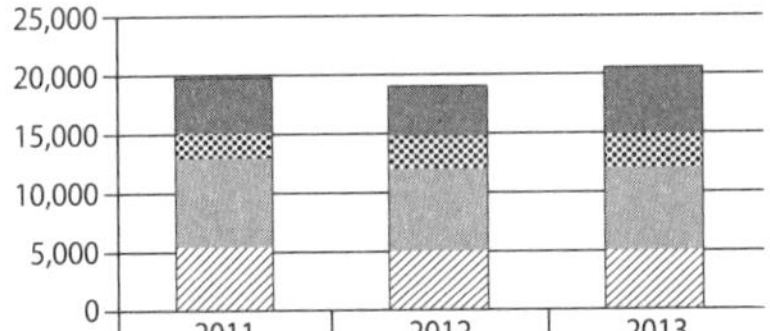

	2011	2012	2013
その他獣種類	4,641	4,196	5,633
サル	2,163	2,779	2,947
イノシシ	7,533	6,960	6,875
シカ	5,452	5,085	5,070

図1　篠山市の鳥獣害被害金額の推移（農会長アンケートによる）

（図1）。次いでシカ、サルと続くが、2009年から2012年にかけて進められた獣害防護柵（金網柵）の設置により、イノシシ・シカの被害が減少した。兵庫県にはサルの群れが11群いるが（餌付け群である佐用と淡路は除く）、そのうち5群が篠山市に生息している（森林動物研究センターまとめ）。当然ながら、サルによる被害金額は県下では高い方であるが、篠山市内だけで見るとここ3年間は横ばいである（図1）。サルによる被害金額はイノシシやシカと比べると少ないが、「娘息子に食べさせようと思っていた野菜を少しの差で食べられた」といったサル被害特有の怒りは、被害金額に表れていないため、イノシシやシカと同様に行政への被害に関する問い合わせが絶えない。

篠山市のサル対策

サルの被害対策は、実施主体（個人、集落ぐるみ）ごとの防除（農地を囲う、追払い）と、捕獲による個体数調整が主である。篠山市では、安価で効果の高い電気柵の開発を待ちつつ、先んじて追払い対策技術の普及啓発に取り組み、2009年に電動ガンをサル出没集落90集落に2丁ずつ無料配布した。2010年度にはサル監視員制度の導入、登録住民へのサルの位置情報の配信サービス、モンキードッグ育成、集落ぐるみの対策モデル事業など、ソフト対策施策を進めた。２０１１年度には森林動物研究センターが開発した、効果が高く、安価で設置できる電気柵（おじろ用心棒）の普及啓発を始めた。篠山市ではすぐさまおじろ用心棒を試験的に設置し、篠山市でも効果の高さが証明されたため、補助率95％で電気柵の普及を推進する大胆な施策が展開した。篠山市内でサル害が深刻な集落を中心に、各集落で推薦された特に被害のひどいほ場を囲ったその総長は約40kmであった。

篠山は被害対策のデパート？

兵庫県森林動物研究センターには国内でも数少ないサル対策の専門家が所属しており、そういった人々の助言を直接受けた篠山市は、２００９年頃から試験的な対策にも積極的に取り組み、篠山市の担当職員は、「行っている対策の数・質から考えて篠山市は被害対策のデパートだ」と述べていた。行政職員は、住民からのクレームにおされて受け身な対応を迫られることが多いが、行政として十分な対策支援をしているという自負が、担当職員間で引き継がれている。その結果、篠山市では、住民に対して「これはやってますか？　まだしてないならそれから始めましょう」

といった形で、対等な関係で鳥獣害問題に対応しているように見える。こうした関係が、行政と住民とが協働して対策を進められる要因の一つである。

【学生と協働で進める被害対策】

筆者が駐在していた神戸大学篠山フィールドステーション（以下、篠山FS）は、２００５年に開設された。篠山FSは、神戸大学全学部全学科が、篠山市内で活動・研究するための地域側の窓口である（1章参照）。ここには、２００５年から研究員が駐在し、篠山市に住みながら大学と地域の間を取り持つ役目を果たしている。篠山FSでは、研究員の専門分野に合わせて、篠山市の地域課題を抽出し、共同研究が進められる仕組みになっている。アフリカで焼畑の研究をしていた研究員が駐在していた頃は、行政や地域と共同で土づくりに関する研究を進めていた。その後、筆者が駐在してからまもなくして、筆者の専門であるサルの生態や行動学の知見を活かして、篠山市で獣害対策研究に取り組むこととなった。

大学が地域に入る方法として、学生が農家の方などと交流する（実習）、地域側の課題解決に資する調査研究を行う（卒業論文や修士論文など）、教員が主体となって調査研究を行う（地域共同研究）の３つがある。篠山市を含む兵庫県の市町村は、獣害対策に関する基礎データを兵庫県森林動物研究センターに提供してもらえるため、筆者に基礎的な調査を任されることはなく、普及啓発の役目を担うこととなった。そこで、講演会、出前講座などを通して、篠山市の獣害対策の取り組みを市民向けに情報発信するとともに、他地域と比較して篠山市の持つ対策支援環境の充実ぶりをアピールする形で、住民の動機付けを行ってきた。これは、間接的に、行政職員の研修の機会ともなっていった。こうして、２０１２年には、神戸大学篠山FS＝獣害対策というイメージが少しずつ定着していった。

さる×はた合戦の誕生

神戸大学が篠山市をフィールドとして行う実習に、「実践農学入門」と「実践農学」がある（1章参照）。実践農学入門で1年生を中心に農村農業を学び、実践農学で3年生を中心に農村農業の課題解決の方法を学ぶ。これらは、市内のまちづくり協議会に受け入れていただいて進め、基本的に、実践農学入門でお世話になった地域に、実践農学で再訪する仕組みになっている。実践農学入門を履修した1年生が、３年生になるまでの間に、継続して地域に関わり続けたいという意向が芽生え、2010年度から実習を履修したメンバーが中心となって学生団体が組織されるようになった。2011年度に、篠山市の畑地区（みたけの里づくり協議会）にお世話になった学生たちは、「はたもり」という学生団体を結成し、その中心メンバーの数名を含む14名が、2012年度には実践農学で畑地区を再訪した。

実践農学入門の実習テーマが、教員と地域側の協議で決まるのとは対照的に、実践農学で行う実習のテーマは、学生と地域側とで協議して決める。地域側へのヒアリングでは、定住促進や獣害問題（特にサル）の解決などが挙がってきた。1回目の実習で、集落に多く存在するがあまり食べられていない柿が、鳥獣害の里への侵入を誘引していることに、学生たちが反応した。これまでにも、柿や栗などの放棄果樹が鳥獣害問題の一因となっていることはすでに明らかになっており、いくつかの地域で放棄果樹の伐採などが進められてきた。だが、畑地区の住民は、「柿は先祖から受け継いだ大切な樹。簡単に伐るわけにはいかない。だが、動物もやって来るのは分かる。どうしたらよいのか」というように、柿や栗の維持管理に頭を悩ませていた。また、そもそも「柿や栗をなくすことがどの程度、野生鳥獣の里への侵入に影響しているのか」といったことは、きちんと明らかにされていなかった。そこで、2013年度の実践農学は、放棄された柿を早めに収穫してその有効活用の方法を考えるイベントとして、「さる×はた合戦」を実施し、その効果を測定することとした。

さる×はた合戦実施までの流れ

さる×はた合戦の実施にあたり、みたけの里づくり協議会、自治会長会、神戸大学実践農学履修生（以下、学生）、神戸大学篠山FSで「さる×はた合戦実行委員会」が組織された。イベントの日時、柿の樹選出、当日の運営スタッフの動き、フライヤー作成、広報、現地までの送迎、準備物の段どりなど、決めるべきことが山のようにあった。それらについて、学生らがたたき台を作成し、それを地域でもみ、その意見を大学に返して新しいバージョンを作る、というプロセスを何度も行った。

図2　イベントのフライヤー

柿の選定にあたっては、畑地区の中でも特にサルの害が深刻な4集落にしぼり、住民向けのアンケートを通じて、イベントで利用可能な柿の樹を選んだ。地域側の実行委員会の役員は、「被害がひどい、ひどい、という集落から、思ったほど柿が提供されてないなぁ」というように、地域側の住民が柿という資源についてどのように考えているかを知る機会としているようであった。

この年は、4つの集落の全ての放棄柿の実を収穫してしまうことを目的としていた。そのため、相当な数の柿の実の収穫をする必要があった。だが、イベント参加者に1日中収穫作業に従事してもらうと飽きるのではという考えから、イベントは、午前と午後の2回に分けておこなった。都市部からの参加者を見込んで、六甲駅周辺から篠山市の現地まで大型バスで送迎する費用を、神戸大学の実習予算で工面した。

イベントのフライヤーデザインは、学生が作成し、地域外に住む親せきなどにも送れるようにと、ポストカードサイズに印刷した。学生が作成した、サルを前に出したデザイン（図2）は、地域住民の意識を、「サルは被害を与える害獣」から「地域の宣伝になるキャラクター」へと変える契機となった。

広報については、六甲周辺の店舗などにフライヤーを置いたり、ホームページや Facebook で告知するのと同時に、新聞などで取り上げてもらった。結果、160名近くの応募があり、午前午後ともに定員でいっぱいとなる盛況ぶりであった。

収穫した柿の活用方法が最後まで決まらなかった。学生が「王子動物園の動物の餌として利用してもらえないか」という意見を出した。柿を加工品として利用することとした頭になかった実行委員会役員は、「とても良いアイデアだ、まったく思いつかなかった」と絶賛した。ただし結局、飼育動物の餌は、病気の関係などを鑑み、管理体制が厳しいことが想定され、動物園への寄付は断念した。

地域住民は、学生らと企画運営を一緒に行う過程で、このような「学生解」に頻繁に触れる。これこそが、「風穴」と呼ばれるものだが、学生は、地域に訪問してすぐにこのような「風穴」をあけられるわけではない。しばらく地域で時間を過ごし、住民と会話し、ともに解決すべき課題に向かって挑戦していく中で、稀に出てくるものである。逆に地域側からも「風穴」があけられることがある。

せっかくがんばって取ってもらうのだから、と、尽力した人を讃える賞も設けられた。学生らが、「がんばったで賞」などを準備していたところ、地域側がそれではおもしろくないといって、「サルも樹から落ちるで賞」「サル夢破れたで賞」など、次々にユニークな賞を提案してきた。私たちは、サルとの戦いを前向きにとらえる地域住民の態度に大変驚いた。サル害を地域が「資源」として活用し始めた瞬間だった。私たちはこの提案を賞賛し、立派な賞状を作成した。こうした地域側の変化もまた、学生らの柔軟なアイデアを生み出す契機となる。

さる×はた合戦当日

当日は、イベント参加者と、受入側の住民、新聞記者など合わせて170名程度が畑地区に集まった。柿取りは、昔ながらの方法である竹と、高枝伐りばさみの2つの方法を用いて行うことになっていた。柿取り用の道具として竹を準備することで、放棄されている竹の利活用にもつながった。竹は、高枝伐りばさみと比較して不便ではあるが、竹の先を柿取り用に加工する作業そのものが魅力的であるとの学生らの意見から、柿取り用竹道具づくりも、イベントのプログラムの中に入れた。

それぞれ4名~8名程度の班に分かれ、案内人である各集落の代表や柿の樹の持ち主などが、柿取りの方法を指南した。渋柿、甘柿などの種類は問わずにひたすら収穫した結果、合計で1・2トンもの柿を収穫できた。それらは、参加者が持ち帰ったほか、篠山市内の老人ホームなどへ篠山市社会福祉協議会を通じて寄付されたり、篠山FSで柿酢を作成する材料とした。

イベントに当日来ていた地域住民の中には、集落活動などでそもそも日役が多い中、新たに始まったイベントにより、また土日がつぶれることに不満を感じている方もいたが、都会や篠山市内から大勢の人が集まった様子に驚いていた。また、参加者と一緒に柿取りをする時間を楽しんでもいた。イベントの開会式で、実行委員会長でもある、みたけの里づくり協議会の会長が「私たちの地域は、サルの被害に困っています。こうしてみなさんにサルの被害を減らすためにお手伝いいただきありがたい」と述べていた。地域側が、サル対策を資源として活用すると高らかに宣言したように私には見えた。

さる×はた合戦の効果

さる×はた合戦の効果には次の3つが挙げられる。①獣害対策として餌資源を除去するために地域外の人を呼び込む仕組みの確立、②柿のニーズの発掘、③被害集落住民の対策活動に対する意識啓発である。

一つ目の餌資源を除去するために地域外の人を呼び込む仕組みの確立、という点については、イベント実施までの準備、当日の運営などを、大学の実習として行ったことで、1年目にしっかりとした仕組みを作り上げることができた。そしてこのイベントを来年度も実施したいという声が地域側から出ており、実際に２０１４年度は地域主体となり実施する運びとなった。２０１４年度は、イベントの企画から運営までに関わった学生1名と、筆者のみが大学関係者として関わった以外は地域住民側が主体となったが、無事にイベントは成功した。また、イベントに協力的だった住民が、「さる×はた合戦」の様子を新聞風の記事にまとめ、印刷して持ってきてくださった。さらに、このイベントが新聞記事などで報道された結果、篠山市内の別の集落からも、柿取りイベントを行いたいという依頼が篠山FSにきた。最終的に集落内で合意を得られなかったために、新たな集落での実施までには展開しなかったが、柿を資源として見直し、サル害を減らすための対策活動として、柿を伐採するのではなく早期収穫して活用するという意識が、篠山市では普及し始めている。

二つ目の柿のニーズ発掘であるが、参加者を対象にしたアンケートから、参加者の半分程度が、柿を普段食べると回答していたことが分かった。実際に、収穫した柿の多くを参加者が持ち帰っており、最近は食べられることが減った果物とはいえ、柿のニーズはまだまだあることが分かる。２０１４年11月に、神戸大学の留学生が篠山を訪問した際にも、柿取りを体験してもらったが、これも盛況であった。このことから、外国人にとっても、柿取りは魅力的な体験であることが分かる。

一方で、柿収穫を通してサルの出没が軽減できたかどうかを判断するには調査が不十分であるが、2集落で、サルの出没頻度が減少し（8％↓0％、21％↓12％）、2集落では増加した（13％↓38％、21↓38％）。柿の樹の先端は収穫できずに実が残ったこともあり、イベントによる柿の早期収穫が、サルの出没を減らすことになるとは明言できなかった。柿の早期収穫イベントとその効果の定量化が今後の課題である。

【おわりに】

地域の絆を生み出すツールとしての獣害対策

篠山市で今回事例にしたさる×はた合戦に見られる地域住民の意識変化は、現代における人と動物との適切な距離のとり方を表しているように思える。過去の乱獲は、野生鳥獣を食肉や皮として利用することが前提となっていた。篠山市ではサルも食肉や薬として利用されていた歴史があると地元の猟師に伺った。最近では、シカやイノシシを除く獣類の食肉や皮としての利用は廃れてしまっているために、ただの「害獣」となっている。だが、食べ物としての商品ではなく、獣害問題とその解決のお手伝い、というストーリーと、柿という食物が合わさって都市から地域への参加を促す商品となっていることを、本事例は表している。こうした新規の取り組みを、地域住民だけで進めるのは困難であり、大学が試験的に実施することで、地域の資源を活用する仕組みを、サルの対策という分野で実践することができた。この成果には、実習などを通した大学の関わりがあったことも重要な要素であったが、さる×はた合戦を実施した地域は、２０１１年からずっと獣害対策を応援してきた地域である。地域に行って「サル」と口にすれば「あんたはサルの味方か！」といって怒鳴り散らされた頃から足しげく地域に通い、ともに課題に取り組んできたからこそ、こういった地域に寄り添った活動ができたように思う。

市町村単位の取り組みに大学が関わる意義

獣害対策の推進には、これからさらに市町村の役割が大きくなってくるという。だが、市町村が、どのような体制で、施策を実施、進めるのがよいのかという知見はほとんど整理されていない。その意味で、篠山市が篠山FSと協働で取り組んできたプロセスは、示唆に富むものである。

市町村の行政担当者は、窓口対応から現場指導、さらに、施策立案などで多忙な日々を送っている。獣害対策に関する知識は保有しているものの、それを市長村間で共有することはあまりない。筆者は、たびたび篠山市の施策を整理し、紹介してきた。これによって、市レベルの取り組みとして他市町村も参考にできる事例となる。大学としては、他市町村でも実践可能な形まで篠山市の事例を一般化することに努める必要がある。在野の研究者としては、地域に貢献しつつ、研究成果という業績を出し続けなければならないことが課題であるし、それこそが、楽しみでもある。

継続は力なり

追払いが徹底できている集落は、サルが出没しなくなることが三重県の事例から明らかになっているが、篠山市でも同様に、ほとんどサルが出没しなくなった集落がある。ただし、どちらも出没しなくなるまで、とことん追払いをし続けて3年ほどが経過している。このことから、短期的な関わりではなく、長期的に関わる仕組みを作ることが大切だと実感している。地域を応援し続けるためにどうすればよいかを考えて、実践も研究も続けることが大事だと考えている。

6　黒大豆栽培における知恵の継承と創造

山口　創

【黒大豆栽培における知恵の重要性】

兵庫県の中東部に位置する篠山市は、盆地特有の気候で昼夜の寒暖差が大きく、丹波霧と呼ばれる深い霧に覆われる日も多い。また、篠山市ではこうした気候を生かした農業が古くから盛んであり、黒大豆、山の芋、丹波栗、松茸などの特産農作物に恵まれている。このような中でも、黒大豆は毎年６００haほどが作付され、水稲に次ぐ作付面積（約２２００ha）を誇っており、篠山を代表する特産農作物となっている。また、黒大豆栽培の歴史は古く、江戸時代中期には既に名産となっており、幕府へ献上されていたという記録も残されている。篠山では、丹波地域に在来していた極晩熟種黒大豆である「丹波黒」が栽培されている。丹波黒は、１００粒重あたり約84gもあり、豆類のなかでも特に粒が大きく、お節《せち》用の煮豆として重宝されている。篠山産の丹波黒は、その品質の良さから最高級に位置付けられており、他産地と比較し高値で取引されている。また、近年では、煮豆用の乾物としてだけでなく、モチモチとした食感と甘みが強いことが好まれ枝豆としての消費も伸びており、篠山の秋を代表する味覚として人気を博している。

このように、篠山の農業や観光にとってなくてはならない黒大豆であるが、農村地域の例に漏れず農家の高齢化、リタイア、後継者不足という問題に直面している。さらに問題なのが、長年、栽培を繰り返す中で培われてきた栽培のコツやノウハウといった農家の持つ知恵もリタイアと同時に失われようとしている点である。このような農家固有の知識は、何年、何十年と栽培を続ける中で培われたものも多く、一度失われると、再び蓄積させることは難しい。これまでは、親子間の共同作業や、隣近所との相互交流の中で受け継がれてきた経緯があるが、後継者不在の問題から、その継承の仕組みは崩れつつある。今後、高品質の黒大豆を生産し続け産地として発展していくには、農家の持つ知恵に光を当て、継承していくことが不可欠となっているが、いまだ具体的な取り組みは乏しい。

【農家の持つ栽培の知恵】

農作物を育てるには、播種から収穫までの栽培工程、肥料や農薬などの資材関係、トラクター、管理機などの農業機械といった幅広い知識が必要である。このため、近代農業では栽培マニュアルが作られ知識の一般化が進められてきた。篠山の黒大豆栽培においても、丹波ささやま農協が栽培こよみを作成し、各農家に配布しているほか、丹波農業改良普及センターも地域課題に応じて試験栽培を行い栽培知識の一般化を進め、農家向けには楽農講座、黒大豆研修会といった講習会を実施し、知識の普及に取り組んでいる。これらは、農家にとっても重要な栽培知識として評価されており、自身の栽培に取り入れている農家も多い。

しかし一方で、農家が、その土地で繰り返し農業を営む中で獲得してきた、マニュアルにはない俗人的な栽培のノウハウやコツも存在している。一般化された栽培マニュアルが整備されている中、こうした農家固有の知識をどうして残していかなければいけないのか。まず一つは、地域の気候風土に適合した知識だからである。繰り返しになるが、農業は、その土地の気候風土に大きく影響を受ける。当然、その条件によって、適切な栽培方法は異なってくる。農家が長年栽培し続けることによって生み出してきた栽培方法は、こうした地域固有の栽培条件に適合しており、一般的な栽培方法と比べて、その土地では優れたものである場合が多い。二つ目は、栽培方法の多様性を保つためである。農業は、天候不順、病気の発生など、突発的な環境変化によって収量や品質が大きく減少し、最悪の場合、その年の作付が全滅するといった事態も考えられる。ある特定の栽培方法に頼って農業が営まれていた場合、栽培方法を修正し対応することが困難になってしまうため、栽培方法の多様性を保持していくことが望ましい。そして、三つ目は、一般化された栽培マニュアルでは、栽培知識の中でも言葉では説明が難しい知識は整理されていないためである。知識の中には言葉にできないものや、言葉で説明しようとしても複雑になりすぎて、十分に伝えることができないものも多い。専門的には暗黙知と呼ばれる知識である。例えば、施肥のタイミングは、本来的には作物の様子や収穫予定時期などを複合的に勘案して判断しなければならないが、言葉で十分に伝えることは難しく、栽培マニュアルでは、大まかな時期が記載されているだけである。これらの理由から、既存の栽培マニュアルだけでは、高品質の農作物を安定的に栽培していくには不十分であり、農家固有の知識を次世代へ継承することが不可欠である。

さて、農業における栽培知識を分類すると、まず言葉や数式などで説明できるものとできないものに分けられる。専門的には、前者は形式知、後者は暗黙知と呼ばれる。形式知の代表的なものは、農協が作成している栽培こよみなどの栽培マニュアルである。また、農家固有の知識の中にも形式知はあり、例えば農家が生み出したオリジナルの施肥設計などの栽培方法や、「〇〇山に雲がかかれば、雨が降る」「灰がなければ豆蒔くな」といった地域に伝わる格言やジンクスが当てはまる。

一方、暗黙知は、運動系、感覚系、管理系という三つの知識タイプに分けられる。運動系の知識とは、作業を意図したように行う知識である。例えば「黒大豆の定植の仕方」「トラクターで真っ直ぐ畝を立てる方法」といったものは運動系知識である。感覚系の知識とは、感覚により作物の生育状況や作業の状況を把握する知識である。例えば、追肥量の加減であったり、潅水のタイミングといったものは、感覚系知識といえる。そして管理系知識とは、農作業の手順や方法を修正する知識であり、いわば農業全体を管理する知識である。例えば、播種・育苗や収穫作業の段取りは、管理系知識といえる。このように農家の持つ知識は幅広いが、その多くは暗黙知として存在している。また、形式知であっても、文章などにきちんと整理されていないものがほとんどである。

このような特徴を持つ農家固有の知識であるが、筆者らが篠山市内で行った調査によると、農家が一様に持っているというわけではない。これらは70代、80代といった高齢農家に偏在しており、高齢農家のリタイアとともに、喪失の危機に瀕している状況にある。

【知恵の継承とコミュニティ】

農家の持つ黒大豆栽培の知恵はどのように継承されてきたのだろうか。知識は個人間でやりとりされると思われがちであるが、他者との相互交流が行われるコミュニティ単位で受け継がれている。農村地域には、イエや集落、農協関係の部会など様々なコミュニティが存在しているが、黒大豆農家はコミュニティごとにそれぞれ異なった知識を継承し、自身の黒大豆栽培に生かしている。

黒大豆農家は、黒大豆栽培に本格的に取り組み始めた初期段階は、主にイエや集落といった地縁のコミュニティで親や熟練農家から知識を得て、黒大豆栽培の基礎を築く事が多い。これらのコミュニティでは、「親の手伝いで畝立てをしているときに、○○のほ場は水が溜まりやすいから、ほかのほ場より畝を高くしなければならないと教わった」、「機械乾燥機を導入した年は豆が乾燥しすぎて割れてしまいうまく調製できずにいた。機械をいち早く導入していた集落の知人にちょうどよく仕上げるコツを教えてもらいに行った」、「露地で育苗していたが、どうも周りの農家と比べて発芽率が悪かった。集落の先輩に豆まで十分に水がいっていないと指摘された」というように、栽培上の課題に対応するコツや栽培方法が継承されることが多い。

一方、ある程度栽培方法を確立すると、地域レベルコミュニティから知識を獲得するようになる。地域レベルコミュニティとは、地域で行われる農機の展示会や、種子農家にて構成される優良種子生産協議会、黒大豆生産部会の会合といった篠山各地から黒大豆農家が集まる農業コミュニティのことである。地域レベルコミュニティの中には種子生産、自然乾燥による黒大豆生産などの特有の生産志向をもった農家が集うコミュニティが存在している。そのため、「菊栽培をしていると、収穫期の関係から黒大豆づくりには間に合わないと考えていた。しかし、菊生産部会の先輩から、約1か月程度遅らせて定植しても、生育に大きく影響しない船底法という定植方法を教えてもらい、菊栽培と黒大豆の輪作体系を組むことができるようになった」、「優良種子生産協議会では、種子生産を行う上で、病気の初期段階で病苗をどうやって見つけて、広がらないように対処するか、教えてもらった」というように特別な生産体系に関する知識が継承される場となっている。また、「いろいろな方法を試していたが、連作障害に対する十分な対策となっていなかった。黒大豆生産部会で、知り合いの農家から鶏糞ともみ殻を使った土づくりのコツを教えてもらい、土づくりの方法を発展させた」というように、栽培上の課題に対応するコツや栽培方法も継承される場ともなっている。

以上のように、コミュニティのタイプによって共有・継承される知識も異なる。黒大豆農家は、イエや集落、地域レベルコミュニティといった重層的に存在するコミュニティに参加し、そこでほかの黒大豆農家からタイプの異なる様々な知識を受け継いでいる。当然、農協が発行する栽培こよみや普及センターが実施している黒大豆栽培の講習会からも知識や情報は獲得してはいるが、農家固有の知恵を継承するという点では、既存のコミュニティに依存している状況にある。しかし、黒大豆農家の高齢化やリタイアの進行とともに、コミュニティ自体も弱体化しつつあり、知恵を継承する場が失われつつある状況にある。

【知恵を継承する場としての生産組合】

コミュニティレベルで継承されてきた農家固有の知恵であるが、今後、コミュニティが弱体化していく中で次世代へ継承していこうとすると、別の方法で代替したり、コミュニティの機能強化を図る必要がある。では、どのように継承していけばよいのだろうか。その答えの一つが本節で取り上げる生産組合を知識の共有や継承を行う主体として位置づけることである。生産組合は、地域農業における主要なコミュニティであり、我が国の農業の担い手の一つとして期待されている。篠山市には、117の生産（営農）組合があるが、中には組織的に農家の持つ知識を継承し、高品質の黒大豆栽培に生かしている例も見られる。その一つが小多田生産組合である。小多田生産組合は1979年に設立された生産組合で、3集落52戸から構成されており、水稲61ha、黒大豆26haの作業受託及び防除作業、共同作業を行い、組織的に黒大豆を栽培している。小多田生産組合の特徴として、メンバーがそれぞれバラバラに黒大豆を栽培するのではなく、高品質の黒大豆を作るためにメンバーが協力して栽培方法の改良の取り組み、共有を進めている点である。

以下、小多田生産組合での知識の共有や創造の実態について紹介する。小多田生産組合は、黒大豆の収穫前の作業で年内出荷する上で大事な「葉落とし」という作業を省略できる葉付き乾燥機や定植機を導入するなど、大規模生産体制を整えている。そして大規模生産を進める上で問題となっているのが、連作障害である。黒大豆は、嫌地特性があり、連作を続けるとともに、病気にかかりやすくなったり、収量の低下を招く。通常は、4～5年間隔をあけて連作障害が出ないようにするが、ほ場が限られた中で黒大豆の栽培面積を拡大するには、ローテーションを短くすることが必要になってくる。小多田生産組合では、ローテーション間隔を短くして栽培面積を拡大するため、連作障害を克服することを主たる目標に据え、栽培方法の改善に取り組んでいる。

現在では、連作障害はほとんどない、と組合のメンバーが感じるほど、栽培方法は確立されつつあるが、持続的に栽培方法の改善に取り組んでいる。

小多田生産組合では土づくり、施肥設計、播種・育苗の方法、水管理、防除といった主要な栽培工程において独自の栽培方法を構築しており、メンバーに推奨している。こうした栽培方法の多くは、組合長を中心とした組合の主要なメンバーが試し、その結果を評価したり、協議を繰り返す中で生み出されてきた固有の栽培知識である。こうした栽培知識は、防除や黒大豆の乾燥作業など、年20回ほど行われている共同作業や理事会などのメンバーが集まる機会に、組合長や主要メンバーから説明が行われ、メンバー間で共有されている。また、天候不順などの影響で、黒大豆栽培に影響があったときには、組合長を中心に主要メンバーで対策方法や、栽培方法の改善点について話し合われ、組合の栽培方法にフィードバックされている。これらのように、小多田生産組合では環境変化に対応して組織的に知識の創造や共有が行われている。

そして、防除や乾燥作業といった共同作業の場は、こうした組合が持つ知識だけでなくメンバーの有する固有の知恵を共有する場ともなっている。これは、防除、乾燥といった共同作業を行う工程についての知識だけではない。共同作業が行われるときは、実際にほ場で生育している黒大豆や収穫した黒大豆を見ながら、「今年の生育は良い」、「ここのほ場の豆は良いけど、○○のほ場の豆はあまり良くなかった」、など、メンバー間で話し合う機会が自然とできてくる。このように雑談のなかで栽培についてやりとりする場が、メンバーの持っている知識（特に暗黙知）を共有し、評価し合う場として機能している。

以上のように、小多田生産組合では、組織的に地域条件に適合した栽培知識を創造し、メンバー間で共有する仕組みが構築されている。また、共同作業などメンバーが持つ知識も共有・継承する場もある。このように他の農家が持つ知識を継承したり、環境変化に対応して生み出された知識を獲得できることは、参加メンバーにとって意義深い。また、小多田生産組合には、数名であるがUターンで就農した農家もおり、地域の農業を担っていく人材として期待されている。このような、経験の浅い農家にとっては、様々な知識を吸収するとともに、困ったときに栽培の相談をしたり、教えを乞う熟練農家との繋がりを作る重要な場となっている。

【知恵の継承と創造に向けて】

篠山市では、黒大豆栽培を中心的に支えてきた高齢農家のリタイアが進むと同時に、高齢農家が有する栽培の知恵も失われようとしている現状にある。今後、黒大豆産地として発展していくためには、こうした知識を地域単位で次世代へ継承することができる仕組みを構築することが求められる。

知識を継承するために最も取り組みやすいのは、農家の持つ知識を何かしらの形で記録に取り、継承できるよう整理して残していくことである。熟練農家が持つ知識の中には、固有の農法やジンクスといった言葉で表現できるものも少なくない。そのため、農家の持つ知識をインタビューにより抽出し、イエ単位や集落単位で地域固有の栽培こよみを作成するのも一つの方法であろう。なお、このように言葉として残しておく場合は、いくつかの注意点がある。インタビューによる知識の抽出は経済的な負担も少ないため、手間を惜しまなければ取り組みやすい方法であるが、そう簡単ではない。まず一つが、知識が活用されてきた背景、状況をできる限り一緒に抽出し、整理して残しておくことである。同じ篠山市内で同じ栽培管理の作業をするにしても、栽培条件の違いによって適切な作業時期や加減は異なる。地域固有の知識は、地域の環境に適合したものであるため、どのような条件で活用できる知識なのか、できる限り栽培条件と共に残していくことが不可欠である。二つ目は、できる限り具体的な答えが返ってくるように質問を掘り下げていくことである。農家に話を聞いていると、「豆が水を欲しそうにしている」など、抽象的な表現を使い説明をすることがよくある。このような場合、「なぜ、水が欲しそうと思うのですか？」、「豆のどのあたりを見て、水が欲しそうと判断しているのですか？」と、掘り下げて質問をすることによって、より具体的に知恵を抽出していくことが必要である。なお、1回掘り下げるだけでは十分な答えが返ってこないことがあるが、その場合は根気強く3～4回、「なぜ、そのように思うのですか」と質問を繰り返していく必要がある。そして三つ目は、インタビューを行う前段階として、基礎知識を十分に持って挑むことである。インタビューでは、ある程度の栽培知識を有していないと、対象者の説明している内容を十分に理解できないことも少なくないし、大事なキーワードが出てきていても、重要性に気づかず聞き流してしまうこともある。そうならないためにに、少なくとも基礎的な栽培工程を理解しておくことが不可欠であり、できるなら前もってインタビューの対象者のほ場を観察しておく方がよい。また、インタビューだけでは抽出が難しい知識の場合、ビデオカメラで映像として記録し、インタビュー結果と併用して残していくと効果的である。

そして、記録として残していくより重要なのは、熟練農家の知恵をface to faceで受け手へと継承する場を創出していくことである。農家の知識のうち暗黙知と呼ばれる言葉にできない知識は、農家との共同作業を通して同じ体験をしたり、双方向のコミュニケーションをとる中でしか共有・継承することはできない。このため、言語化や映像化することで残していくだけでは不十分であり、知識の受け手と渡し手が場を共有する機会を作ることが不可欠である。従来、知識の継承の場となっていたコミュニティの機能が弱まっているのであれば、複数集落で活動する場を構成したりするなど、参加の仕方や運営方法を変更していくことが必要であろう。また、今回事例で取り上げた生産組合を知識継承の場として積極的に位置付け、共同作業の場だけでなくメンバー同士のディスカッションの場を設けるなどの方策も有効と考えられる。

なお、このように対応策を示した農家固有の知識の継承であるが、最も重要なことは、知識を継承するだけでなく、環境の変化やニーズに対応しながら新たに知識を創造し、地域内で循環させることである。新たな知識は、知識の獲得と実践による内面化を繰り返すことによって創造される。篠山の黒大豆は、農家の知恵と篠山の気候風土が融合して作られてきたものである。今後、黒大豆産地として発展していくためにも、農家の知恵を継承し、新たに創造していく仕組みづくりが急務となっている。

7　里山保全と森林資源の活用

黒田慶子

【里山への郷愁】

宮崎駿の「となりのトトロ」に出てくる森の景色や樹木に、心の安らぎや懐かしさを感じる人は多いと思う。山間の集落と里山の姿が美しく描かれているが、しかしあの時代設定・・・1950年台半ば・・・に実際に農山村で見られた里山は、トトロの森とはちょっと違っていたはずである。都市部以外では、まだかまどに薪をくべて調理をしていた。化学肥料が普及しておらず、農村では田畑の肥料として落ち葉や草、人糞を使っていた。その時代、農村集落の周りにある里山の雑木（様々な広葉樹）はかなり頻繁に伐られていて、大木はほとんど見当たらなかった。「いや、トトロの森はずっと山の奥の方」と思う方もいるかもしれないが、燃料などを採るのは人家のすぐ裏山だけではなく、歩いて半日程度かかるかなり広大な範囲の山林を伐って使っていたらしい。メイちゃんたちのお母さんの療養所も猫バスが走った山道も、里山の中ということになる。江戸時代から1960年頃までの日本の里山の景色は、私たちが今眺めているものとは全く違っていたのである。そして今の里山では様々な問題が発生し、放置できない状況になっている。ここを分かっていないと里山の管理は始まらないし、どう管理するかという議論を始めるわけにいかない。

本稿は、神戸大学農学部で実施している森林演習の目的や効果について紹介することが主目的であるが、前半では里山の歴史や「管理はなぜ必要か」など、日本の森林、特に近畿中国地方の里山林の特徴や近年の状況について、筆者の研究成果から紹介しておきたい。学生も一般の方々も、森林について正しい知識を得る機会が皆無に近いようで、誤ったインターネット情報を鵜呑みにしたり誤解が多い。森林生態や保護の考え方について知っていただいてから、本論に入りたい。

【本来の里山管理は農業の一部】

里山とは日常生活に必要な燃料や肥料を採取していた場所で、勝手に樹木が生えていた森ではない。子孫が資源を永続的に採り続けることができるように、上手に管理されていた。樹木の太さは10㎝ほどの若い広葉樹林と、同様に若いアカマツ林が大部分を占めていた。背の低い若木が構成する明るい森だったのである。森林というより、収穫期が長め（15～30年）の畑ととらえるのがむしろ妥当だと思っている。その一部には茅葺きに使うための草地もあり、それも禿げ山とはまた違った資源採取地であった。以上の理由で、里山林の所有者は昔も今も農家（集落の共同所有も含む）である。山奥で農地が少ないために林業（木材生産）のウエイトが高かった地域はあるが、農業が盛んな地域では「農用林」として里山林が最大限に利用され続けてきたのである。里山林＝雑木林＋アカマツ林＝農用林＋薪炭林という見方をしてほしい。近年、多くの人がイメージする里山は、「大木があって緑豊かな森」となっているが、今はむしろ、「緑が異常に増えすぎてしまった」ため、森林に生息する多様な生物にとって、あるいは森林管理上好ましいといえない状況である。以前の、陽光が十分に差し込む明るい林床にはエビネなどのラン、カタクリ、サクラソウなどの山野草が豊富に見られた。里山林の周縁部ではフキ、サンショウ、ウド、タラの芽などの様々な山菜が採れた。また、今、絶滅が危惧される山野草が増えているのは、森林の状態がこの半世紀で大きく変わって暗くなったことと関連している。このことも、今後の里山管理を考える上で重要なことがらである。

森林には様々なタイプや用途がある（表1）。里山林とは農村の集落の周囲にある山林を指す。広義では集落近くの人工林も含めるが、一般には人工林を除いた部分を里山ととらえることが多い。行政上の区分としてはこの里山の林を「天然林」あるいは「天然生林」に分類しているため（林野庁）、まるで原始林・原生林のような手つかずの森のイメージを持つ人が多いが、現在は自然に任せているという意味であり、「天然の林」ではない。人々が生活の資源として使い続けてきた林であり、森林のタ

表1　日本の森林のタイプと用途

森林のタイプ	代表的な樹種（近畿中国地方）		用途	管理手法
人工林	大半は針葉樹	スギ，ヒノキなど	家屋の建築および内装材	植林，下草刈り，間伐，伐採（皆伐，択伐）
里山二次林（天然林，天然生林※）	広葉樹(雑木)	落葉樹：ナラ類，カエデ類，ヤマザクラ，ケヤキなど 常緑樹：カシ類，シイ類，ソヨゴ，ヒサカキ，ヤブツバキなど	昔：燃料，炭，緑肥 今：大半は使用せず放置され、ごく一部をシイタケほだ木等に利用 ケヤキ，サクラなどの良質材は銘木として工芸品等に利用	昔：15～30年周期で小面積皆伐し、萌芽による次世代林の育成 今：放置または公園型管理
	針葉樹	大半はアカマツ。その他にモミ，ツガ，ネズミサシなど	昔：建築材（アカマツの梁など），燃料，マツヤニ・マツタケ採取 今：ほとんど無し	昔：種子による天然更新 今：放置。マツ林は伝染病（マツ枯れ）のため壊滅状態
原始林 原生林	針葉樹 広葉樹	様々な種の針・広葉樹	貴重な環境の保全	基本的には人は関与しないが，生態系に影響のある病虫獣害については対策を講じる

※ 天然林、天然生林は、自然に任せている森林を指し、人工林以外の里山二次林を含む。

イプとしては「二次林」、つまり原生林的な林を伐ったあとに形成された二次的な林である。本稿では里山二次林と呼ぶことにする。田畑の部分は、里山に対する呼び方として近年は「里地」と呼んでいる。

【森林の形成と資源利用の歴史】

森林が自然に形成されるには長い時間がかかる。草原から始まって、極相林と呼ばれる最終段階の森林までの遷移には数百年かかるといわれている（図1）。人間がその途中で伐採すると、遷移が止まったり、違う方向に進む。人の手が入らない原生林では、台風による倒木や山火事で樹木がなくなると、また草原から遷移が始まる。しかしながら、日本では大半の森林は人が昔から利用してきており、原生林はもはやほとんど存在しない。奈良県の春日山は原始林と呼ばれ、千年以上前の状況が絵図「春日山霊現記会」に描かれているが、現在ある樹木が1000年生きたわけではなく、過去に人手が入らなかったかどうかははっきりしない。

自然に形成された森林（初代の林）を人が伐って薪や炭に利用すると、広葉樹の一部は切株から芽が出てそれが樹木に育ち（図1タイプ1、図2右）、この手法を用いた森林再生は萌芽更新《ほうがこうしん》

（または〝ぼうが〟）と呼ばれる。特にナラ・カシ類、シイ類などドングリのなる樹種は萌芽能力が非常に高い。昔から薪炭林にはコナラ、アベマキ、クヌギがよく使われており、適宜植栽されてきたと推測される。萌芽は、切株の養分も利用して1年で0.5～1m伸長するが、ドングリからの芽生えでは数年かかって20㎝程しか伸びず、しかも生き残る株が少ないので効率が悪い。このような樹種による特性を

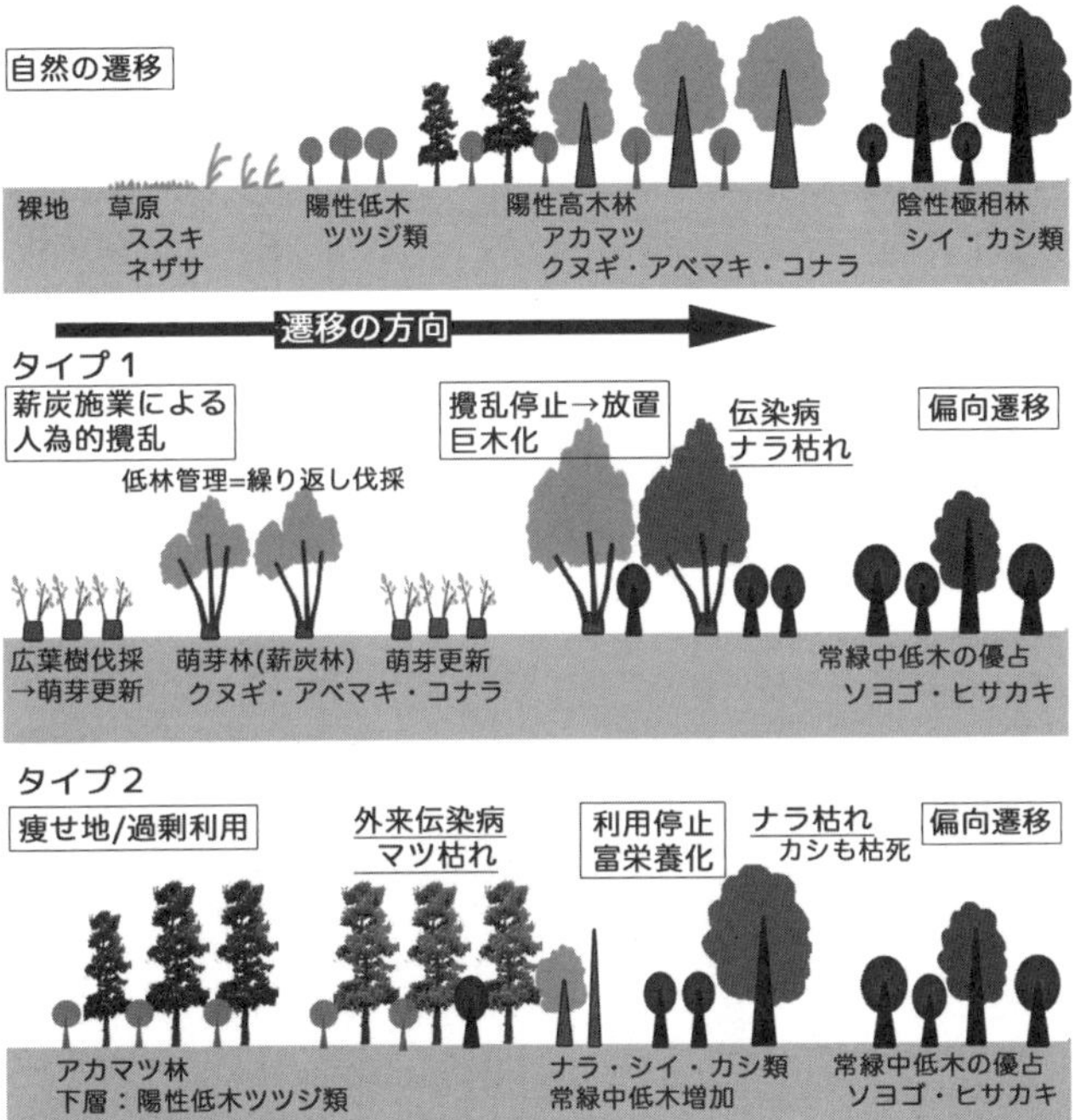

図1 西日本の自然の植生遷移と人為/病害による遷移停止・偏向
タイプ1：薪炭林の繰り返し伐採では落葉広葉樹林として続く。
タイプ2：痩せ地ではアカマツ林が形成される。
資源利用を中止して林床が暗くなると陽性高木は育たず、陰樹の常緑中低木が多くなる。
ナラ枯れ、マツ枯れ後には、極相林とは異なる常緑中低木の林に変化している。

経験的に把握して、昔から薪炭林は萌芽更新により次世代の森林を育てていた。一家族あたり年に1反（約0.1ha）程度の面積を一斉に伐採（皆伐）し、再生した林を15〜30年の間隔で伐採してまた燃料に使うという、非常に効率的な「資源循環」を行っていた（図2左）。定期的伐採により遷移が止まり、クヌギやコナラを主体とする落葉広葉樹林として維持される。コナラやクヌギなど陽樹の生育には十分な日照が必要で、他の樹木が上層に茂った所では育たない。そのため、萌芽再生を促すには、一定面積の樹木を皆伐する必要がある。このような樹木の特性（光や水の要求度）を、昔の農民は十分に知って管理していた。生活や収入に関わる重要な技術だったからである。

さて、森林の伐採や落ち葉採取が過酷な場合は、土壌の肥料分が減るが、その貧栄養土壌でも育つことができる樹木がアカマツである（図1タイプ2）。千年以上前、平城京や平安京の遷都によって近畿圏では大量の木材消費があった。また、近畿地方は古来より人

図2　萌芽更新による里山二次林の再生
左：兵庫県川西市の高級炭生産用萌芽林　　右：クヌギの切株からの萌芽発生（矢印）

口密度の高い地域であり薪炭の消費量も多く、農山村で生産した炭を都市部に供給していた。製鉄（たたら）や瀬戸内の製塩業の燃料消費は膨大で、江戸時代には近隣の山地だけでは燃料が賄えず、四国から薪炭が運ばれてきていた。アカマツ林は江戸時代以降、関西に広く分布しており兵庫県も例外ではなかった。

マツ林も森林の植生遷移が人為的に停止した状態である。燃料だけでなく、マツ材（アカマツの梁）やマツヤニなどの資源として重要であった。マツ類は痩せ地でも育ち、治山に適しているので、明治期以降の六甲山の治山事業ではクロマツとアカマツが植林されてきた。しかし、今はマツ材線虫病(マツ枯れ)という外来の伝染病によってアカマツ林は急激に減ってしまった。また、マツ林の資源利用がなくなって林床には落ち葉が積もり、土壌が富栄養化した。そのためマツが枯れた後は広葉樹が育ちやすい環境となり、ナラ類やカシ類のほか、ソヨゴなどの常緑中低木が優占する林に変化する傾向がある。ここで注意すべき点は、土壌の富栄養化によってマツが枯れるのではなく、伝染病で枯れた後に広葉樹が生育することである。病害の遷移への影響はこれまで注目されてこなかったが、実は自然の遷移よりもはるかに急激に、10～20年で植生が大きく変化するため、森林生態系に大きな影響を与えている。

【人が使わなくなって起こった植生変化と樹木の伝染病】

森林の管理は、①用途に合わせて、②健康に持続することを重視し、数十年以上先を想定して行うものであって、動植物の種数が多いことや、眺めて美しいことが本来の管理目的ではない。むしろ、十分な管理の結果として生物多様性が高まることが知られている。

スギやヒノキなどの針葉樹人工林は木材生産が目的で、収穫時期を想定して間伐し、材質が良くなるように管理する。一方、里山二次林は昔は薪生産に都合のよい管理が行われてきた。②の健康に持続させる手法としては伝統的なやり方が一番安全であるが、①の用途は1950年代以降の燃料革命のために消滅し、管理の目標がなくなったので、今では所有者自身が里山林に入ることはほとんどなくなった。里山の大半は放置されたために大木が多くなり、中低木やタケ類の繁茂によって人が踏み込めないヤブになっている。さらにアカマツとナラ類は伝染病で次々に枯死している。集落単位の所有の場合は所有地の境界は一応は把握されているようであるが、個人所有で地籍簿が未整備という現状では、管理の計画も立てられないだろう。管理の記憶がある80代以上の方がご存命のうちに管理を再開しないと、里山の存続は危うい。

マツ枯れは1970年代頃から被害が増えて兵庫県下のアカマツ林の多くは壊滅的な状況であ

る。病原体の媒介甲虫であるマツノマダラカミキリの殺虫が被害軽減には最も重要で、枯れ木が燃料に使われた時代（50年ほど前）は焼却で材内のカミキリが殺虫できた。しかし近年は枯死木が放置されるので、殺虫剤の散布なしにはマツ林を持続させることはできない。マツタケ山として兵庫県ではアカマツ林を大事にしてきたはずであるが、現実には効果のある防除は実施されていない。里山整備の際にアカマツ林の再生を目標にする例が増えているが、地掻きなどの伝統的な管理方法では枯死は防げない。伝染病に関する知識と防除予算の継続的投入が必要となることを認識してほしい。

1990年代からブナ科樹木萎凋病（ナラ枯れ）という伝染病が増加した。兵庫県下では、神戸市や篠山市を含む広域で集団枯死被害が続いている。この病気の媒介者であるカシノナガキクイムシは直径10㎝以上の木で繁殖が可能になり、老大木から先に枯れる。各地の里山には昔のような若齢のナラ林はなく、大半が50年生以上で直径が50㎝前後の大木の多い林である。大径木の集団枯死が起こるため、森林の植生が急激に変化する。次項で紹介する学生の演習で植生調査をした結果、ナラ類が枯れた後は常緑広葉樹で暗い場所でも生育できるヒサカキやソヨゴ（陰樹）が多数生え、高木になる落葉広葉樹（陽樹）の芽生えはまったく育たない。常緑の中低木中心の、極めて貧相な森林になることが判明した。ナラ類が枯れてもまだ林床は暗く、太陽光が足りないためである。「森林には回復力があって、放っておけばまた元に戻る」と思われがちだが、そこには勘違いがある。放置して数百年以上待つならば、恐らくまた木が育って森林になるだろう。しかし、その選択には私たちの子供や孫に渡す場所が荒れ地でもよいならばという但し書きが付く。一方、昔の薪炭林のような森林管理を再開すれば、森林として持続させられる。その選択をするのは、里山林の所有者である。

【野生動物の増加と森林被害】

放置や伝染病による森林荒廃に追い打ちをかけているのが、ニホンジカによる食害である。兵庫県ではニホンジカの生息密度が非常に高くなっており、篠山市の里山林では、有毒植物であるアセビやトゲのあるヒイラギ以外は、林床の草と樹木の芽生えがほとんど食い尽くされた場所が目立つ。被害対策として防護柵の設置と頭数の管理（狩猟による頭数制限）が不可欠となる。ただし、畑と森林の間にシカ防護柵が設置された場所が大半という現状の方法では、山（森林）の被害には一層目が届かなくなる。人が山に入らないことが野生動物のテリトリー拡大を促進して被害を増やすことが分かっているので、野生動物管理と里山管理は、一連のこととして考えることが重要である。シカの多い里山で伐採・萌芽更新を行うには、シカ防護柵は必須であり、そのコストと作業量も計算した計画にする必要がある。

【将来を見据えた里山管理とは】

里山は荒れてきたから整備が必要という意識が、社会的にも強まっている。しかしながら、里山を管理して資源を使った世代は80歳を超える方々で、その技術の伝承がほぼ途絶えた。若い世代は、行政も里山所有者も里山管理には無縁であり、そのために残念なことが起こっている。つまり「やってはいけない整備方法」の普及である。農業未経験者に田畑の手入れを任せることはないはずであるが、里山管理は「誰でもできる」という勘違いが起こるらしい。森林組合や農家の方の「植物の扱い方は分かっている」という思いも、「やってはいけない整備」につながることがある。伐採後の萌芽更新を待たずに、クヌギの若木を植え付けるような例がある。

各地で進む行政主導あるいはNPOやボランティアによる里山整備の多くは「公園型整備」で、人が散策して気持ちの良い林、見て美しい林を目標としている。下草刈りや細い樹木の抜き切りをして大木は伐らずに残される。また「生物多様性を高める」ことを重視した広葉樹の植樹も人気である。これらは資源として利用していた里山林とはまったく異なる管理方法であり、整備後10年、20年後のことを考えていない点が大きな問題で、ナラ枯れ被害を増やす原因ともなっている。ナラ類の大木の多い森林、間伐（抜き切り）して風通しが良い森林、生木の伐採木が放置された森林では、媒介昆虫であるカシノナガキクイムシが多数飛来し、枯死被害を増やす。獣害防止に行われる帯状伐採でも、大木を伐らずに残した場所や伐採木を放置した場所でナラ枯れが発生している。獣害防止という目的であっても、森林の生態や病虫害に関する知識が必要な事例である。完全に勘違いの里山整備活動の代表例は、「散策路の整備」や「東屋の設置」が主目的で、樹木の管理は「道づくりの邪魔になる木を伐る」という計画であろう。ボランティアは趣味の活動ではないので、活動の結果には責任が伴う。基礎的な知識を得た上での活動が望まれる。

私たちの日常生活では森林はすでに身近な存在ではなく、森林の形成や管理について正確な情報が共有されなくなった。テレビ映像やインターネット上の誤った情報の影響も大きい。今一度、農村を取り囲む里山林の歴史を意識し、将来も持続させて子供の世代に受け渡すのか、放置して荒廃してもやむなしとするのか、責任を持って考えて動く必要がある。そもそも里山の管理は「林業ではなく、農業の一部である」ことを再度強調したい。薪は使わないから要らない、という理由で放置するのか、農業が忙しいからという理由でボランティア任せにしてよいのか、山林所有者にとって緊急性の高い検討事項である。

里山を継続的に管理するには、市町村の行政担当者による指導と様々な団体の交通整理が大変重要である。長期計画のないイベント的整備では「楽しさ」や「清掃のイメージ」が強く、伐採された樹木は「産業廃棄物」（ゴミ）として税金を使って焼却されることが多い。整備目的が不明確であれば、「森林の樹木は再生可能な資源」という認識が薄くなる。資源利用を考えずに管理作業を進めるのは本末転倒である。「伐採－資源利用－森林再生」のどれかを実施するのではなく、森林の持続性を確保するための一連の作業であるととらえたい。

数年前から林野庁による里山整備の補助金が利用しやすい形になってきている。つまり、資源利用と若齢林の再生を念頭に置いた伐採計画が可能になった。素人では伐採できなかった大径木に公的資金を投入することができ、「公園的でない」管理ができることになったのである。補助金の申請は地方自治体を通じて行うため、行政の担当者自身が里山整備についての知識を蓄積し、指導できることが重要になる。目的に合った行動ができていないボランティアを放置しないで、活動団体協議会の設置やセミナー・実習の開催など、知識や技術レベルを上げるための仕組みが必要である。今後も企業の援助や補助金を利用した整備活動は増加すると思われ、知識の共有と技術の向上、指導者育成など、行政の指導が求められる場面は増えるはずである。

【神戸大学農学部での「実践農学」（森づくりグループ）の取り組み】

神戸大学には林学科や森林科学科はなく、応用植物学コースの中に森林資源学研究室がある。当研究室では森林の生態や環境、保護（病理学）に関わる講義を行っているが、それらの科目の履修者は森林に触れた経験のないものが大半である。講義の最初の時間に樹木の名前や森林で採れるもの（資源）を尋ねると、答えに詰まってしまうか、小さな声で「サクラ」「山菜」という総称をいうのがやっとである。しかし一方では、「森林は破壊されている、木は伐るな、守らなければいけない」という意識は強い。日本の森林面積はこの60年で減少していないことを伝えると、一様に驚く。アマゾン川流域などの森林破壊のテレビ番組を見たことを、そのまま日本の森林に結びつけているようである。彼らに「針葉樹人工林は木材生産を行う。国産木材が売れないのは外材輸入のためである」とか、「昔、里山では薪や落ち葉を採っていた」という講義をしても、実感が伴わないようである。「里山の管理はどうしたらよいか」という私の問いに、「国有にして税金で管理したらよい」というコストを無視した提案や、「木は家を建てるのに使えばよい」という見当違いの返答が出てくる。家の柱には主に針葉樹を使うこと、里山の真っ直ぐでない広葉樹は柱には使わない（ケヤキのような銘木は柱にも使う）ことが実感できていない。そこで、百聞は一見に如かずを狙って演習を実施している。

実践農学は2～3年生向けの通年の演習科目で、「森づくりグループ」の実施は2016年で5年目である。担当教員が2名のため、履修者の上限は14名程度としている。林内の演習は予想外の危険があり、転落や刃物による怪我、スズメバチやマムシなどの被害が起こりうるので、履修人数は教員の目の届く範囲に限られ、それほど多く受け入れられない。森林資源学研究室の院生・学部生数名がティーチングアシスタントとしてサポートしてくれる。演習内容は、里山林の現状把握→将来予測→改善のための提案である。毎年事前学習をしてから、里山林の①植生調査、②健康と病害に関する調査、③資源利用の実践、を行う。途中で自主勉強をしてもらいながら、年度末には得られた成果と地元への提案をポスターにまとめ、大学と篠山市の合同フォーラムで発表する。実践農学には2つのグループがあり、農業に関する別のグループでは、農家で実践的な技術を学ばせてもらいながら（農家に学ぶ）、企画提案するという目的になっている。一方森づくりグループでは、農家との懇談は重視するが、里山所有者（農家）自身による森林管理が難しいという問題があるため、学生が自分たちで調査して学び、問題解決のための提案をすることが演習の目的となっている。調査に使っている林は、篠山市内及び神戸市北区の集落の共有林や農家の個人所有地である。神戸大学には演習林はないが、近隣地域で実際に生活に使われていた林を調査する意義は非常に高い。その理由は以下の話で分かっていただけると思う。

履修生の多くは年度当初には団体行動に慣れていない。1回目の宿泊演習では周りの様子が見えておらず、作業後の着替えに手間取ったり、自炊の調理に参加せずに遊んでいたりする。データをまとめて数字を得ても、そこから意味が読み取れないことが多い。しかし後半になって、得られた成果をポスターとしてまとめる頃には、行動が早くなり、考えたことが提案できるようになる。この演習科目は、科学的な調査方法を学ぶだけでなく、自発的学習（アクティブラーニング）や農家との交流を通じて、様々な能力を高める効果があると感じている。

【森づくりグループの演習の内容と成果】

①植生調査、②健康・病害に関する調査、③資源利用の実践のうち、①では、どのような種類とサイズの樹木がどれくらいの密度で生えているのか、里山の1か所の林の中に10m×10mの区画を4か所ほど設定し、全ての樹木の種類と太さ、下に生えている幼樹や実生苗の調査から始める。これは毎木調査といって、森林生態学の最も基本的なデータ収集の方法である。樹木の種類は最初から教えずに、図鑑を見ながら自力で識別してもらう。応用植物学コースの学生は樹木実習の時間があって、ある程度の経験はあるが、履修者には農業工学分野の学生、理学部、経済学部、国際文化学部などの学生もいる。最初は見当がつかなくてぼうぜんとしており、実施時間も大変かかるが、見る目を養うにはこれが一番である。判断が誤っていないかどうかは、調査完了後に教員がチェックする。2012から4年間は篠山市で調査を実施し、2015年度から神戸市北区にも調査地を設けた。いずれも、里山管理を再開したいと考えている地域である。

②の森林の健康・病害調査の一つとして、近年篠山市で猛威を振るっている伝染病、ナラ枯れの調査を実施している。病原菌を媒介するカシノナガキクイムシによってコナラやアベマキの幹に穿たれた穴の数を数える。樹幹の根元から高さ1.3mまでの範囲に数百個の穴があることも多く、

根気仕事である。直径と被害との関係、尾根と斜面下部で被害本数に差があるのかなど、関連のデータもとる。次に、太いナラ類の樹木が枯れると、その後はどのような森林に遷移するのか予測する。篠山市に適した里山の管理方法を見つけるための基礎となる部分である。また、野生動物による農林被害について毎年取り上げている。増えたニホンジカの摂食で森林の林床植生がどうなっているか、森林はシカに食べられても持続するのかという問題である。シカの生息頭数を調べる「ライトセンサス」（自動車で林道を走り、サーチライトで光ったシカの目を数える）を夜間に実施した際には、兵庫県森林動物研究センターの研究者に指導いただいた。学生には、「ナイトサファリ」と好評である。篠山市の猟師さんの協力により、罠猟でかかったシカを仕留める場面を見学し、夕食で肉を試食した年もある。食資源として意識する重要性については後述する。

③の資源利用では、樹木を資源として使うことと、森林で採れる様々なもの（野生動物を含む）の利用、森林を無形の資源（例えば森林浴の場）として利用することなど、いろいろな考え方がある。薪は近年の薪ストーブ人気に伴って需要が増えている。毎木調査の結果から材積を計算（換算表がすでにある）し、販売すればどれだけ儲かるか予測した。これまでの研究によって、薪は地産地消の資源として効率的であると分かっており、篠山市においても生産・販売を期待したい。

２０１５年度には神戸市北区で、公園整備のために伐採し放置されていた樹木の資源化を試みた。ドラム缶炭焼き窯（松村式）を使うと約３時間という短時間で製炭でき、森林体験イベントにも向いている。ドラム缶１つ分で67kgの材が２kgの炭になり、重量が30分の１に減少することや、災害用の備蓄燃料として役立つというメリットに気づくことができる。

この演習の目標の一つが「新しい発想の提案」であるため、科学的な森林調査とデータ解析だけでなく、資源利用や調理・試食などの体験も重視する。薪による自炊では、かまどで火をおこして薪の火力を調整するのは難しく、ご飯がうまく炊けないこともある。学生は鍋を火にかけたら「火から下ろす」ことを意識せずに放置することが多い。家電製品は勝手にスイッチが切れるからかもしれない。包丁の使い方で、調理に慣れていないことが分かる。煮えにくい食材から鍋に入れるとか、大鍋の調理では野菜を小さく切りすぎない（鍋の中で溶けないように）という気遣いも最初のうちはできない。教員が指示したり、集落の公民館で住民の方にご指導いただいたり、自炊の基本を学ぶ機会にもなっている。収穫直後の黒大豆の枝豆や米、サツマイモなどを毎回差し入れていただき、夕食時には地元の方々と、地場の食材を味わいながらの交流になる。これが大変重要な時間である。

野生動物肉の試食は毎年実施し、資源として意識できるようにする。猟師さんや地元の方の「食べ切れないシカ肉は捨てる。子供たちはまずいという」との話に、学生は良い販売方法はないのかと考え込んだようである。篠山市内のイノシシ肉の解体工場も見学し試食させていただいた。シカやイノシシは森林を荒らす動物であると同時に資源として肉がおいしいこと、その両方を体験的に関連付けて学ぶことによって、地元への提案がより具体的になると感じている。野生動物の捕獲と肉の利用に関しては、学生の注目度が非常に高かった。里山二次林の再生には伐採後の萌芽更新が重要であること、それの阻害要因としてはシカの密度管理（狩猟）が極めて重要であることを実感したためか、２０１３年度のポスター発表では最重要課題としてニホンジカ対策と資源利用を提案する内容になった。

【里山の管理を再開するための地域への提案】

広葉樹は針葉樹よりも比重が高く、直径が20㎝を超えて太くなると人手では動かせない重さになる。また、萌芽は若い切株からは出やすいが高樹齢になるほど出にくくなる。小面積の皆伐で日光が地面に届くようになると萌芽の生育が良くなるので、里山林の管理においては、「伐採と若返り」が最重要課題である。しかしながら、日本の森林の3割を占める里山全域の管理再開はほぼ不可能であろう。篠山市大沢地区の共有林は50町歩（50ha）以上あると聞く。人工林は枝打ち・間伐不足で材質が悪い（節、虫害）場合は、伐採・搬出コストを引くと赤字になることが多い。このような現状から、人が入って管理しやすい場所や災害リスクが高い場所から管理を再開する必要があるだろう。また、子孫に里山を残したいかどうかなど、所有者の価値観の問題でもある。

西日本の低標高地にある放置里山林は、今後常緑中低木が主体の貧相な森林になることが明らかになってきた。しかし「それでも構わない」という選択もある。災害リスクの低い場所は放置しても困らないかもしれない。今回1度だけ税金を投入して整備しても、次世代の住民が15～30年後に何もしないで放置するなら、またナラ枯れが発生するなど、荒廃していく。山林として持続的に管理できる体制が作れないのであれば、発想を転換して、今ある樹木を伐ってしまったら森林に戻さないという選択もある。果樹、山菜園、花木や景色を楽しむ場所など、「これなら管理できる」という形態に変えることを推奨したい。

学生による調査と提案では、森林の現状から薪生産についての重要性と、換金した場合の数値を試算している。それ以上に強い興味を示し、提案に力を入れたのがシカの頭数コントロールとシカ肉販売についてであった。シカ肉の販売ルートを探すために、大阪駅のグランフロントで定期開催されるマーケットの出店者とも相談し、自発的な行動が見られた。しかし、薪とシカ肉の販売促進も山ガールの呼び込みも、実現するには至らなかった。

学生の中には、篠山市で活動するサークル（地域に入って農業の手伝いや自主的な栽培、イベント開催などを実施する）に所属していて、これまでにも地域への提案を行ってきた者がいる。その経験上、単に何かを提案しても「いいね」以上に進めないことを実感しているようで、その先はどうすればよいのかと考えている様子である。一方、受け入れていただいた地域からは「農家民宿をやってみたい」、「黒大豆の収穫体験を実施しているが、もっと発展させたい」などの声が聞こえるので、観光客に体験型ツアーを提供することも可能と思う。この演習を履修した学生は、「里山調査で現状を把握し、生態学を勉強する」だけではなく、森林の植生遷移や健康維持には人と社会の動き（経済）が影響していることを実感し、社会を変えて森を変えるにはどう行動するのがよいかという課題に取り組む。農学部は基礎科学を扱うと同時に、農業の現場に直結する「実学」を重視する分野でもあり、森林の演習でも、社会とつながりながら学ぶ意義は非常に高いと考えている。今後もずっと続けたい演習である。

8　未来の但馬牛のために今すべきこと

大山憲二

【黒毛和種の中の但馬牛】

現在日本では160万頭あまりの黒毛和種が飼養されている。ここには育成中の子牛や肥育牛も含まれ、次世代の形成に重要な役割を果たす供用中繁殖雌牛はこのうち55万頭ほどと見積もられている。一方、兵庫県で繁殖に供されている黒毛和種の雌牛は1万6000頭、全国の雌牛飼養頭数のわずか3%にすぎない。しかし、兵庫県が誇る但馬牛は全国にその名が知られ、但馬牛を元に作り出される神戸ビーフは恐らく世界で最も有名な牛肉ブランドとなっている。なぜ但馬牛がここまで著名な系統になり得たのだろうか?

但馬牛の成り立ちを知る上で、前田周助の名前を欠くことはできない。周助は江戸時代後期の1797年、但馬国の小代谷（現在の美方郡香美町小代区）に生まれた。後に借金をして大金をはたき、小代谷を豊かにするために「周助蔓《しゅうすけづる》」という但馬牛の礎となる系統を築いたいわゆる篤農家である。このように古くは牛の系統を「蔓」と呼んだ。一つの植物の蔓には、似通った性質の実や葉ができる様子から、実や葉を牛に、蔓を先祖とのつながりや時間に見立てたのである。

蔓牛は、江戸時代から兵庫県をはじめ岡山県、鳥取県など中国地方で多数作出されている。

周助の死後、「周助蔓」の直系は途絶えたようだが、そこから派生した分かれ蔓は熱田蔓となり、1939年に小代村の田尻松蔵氏により名牛「田尻」号を輩出するに至る。現存する写真を見る限り、「田尻」号はお世辞にも美しい種牛とはいえない。しかし、「田尻」号は多数の種雄牛を生産し、但馬牛の主要3系統である中土井系、熊波系、城崎系全てに多大な影響を与えた不世出の種雄牛である。

この但馬牛が有していた優れたサシや肉のきめ細やかさなどが重宝され、兵庫県外に多くの但馬牛が持ち出された。日本のあらゆる産地は、程度の差はあれ但馬牛の遺伝資源を活用して改良を行ってきたのである。その結果、全国の黒毛和種はその祖先をさかのぼると必ずどこかに「田尻」号が出現し、但馬牛は黒毛和種の遺伝的組成の50％を占めるに至った。つまり日本の黒毛和種は全て、平均的には但馬牛のハーフなのである。

ここでの「但馬牛」はあくまでも遺伝的な意味での但馬牛であり、実際にはいったん県外で供用されたものは兵庫県に戻っても但馬牛とは扱われない。過去には他県の黒毛和種が出場する品評会を美方郡で開催するのに難色を示したという逸話がある。遺伝的な混入はもちろん、他県の牛が美方郡に足を踏み入れることさえ忌避していたようである。極端すぎるという意見もあるかもしれないが、この話が象徴するような厳しい血統管理を行ってきたことも奏効し、但馬牛を素材とする神戸ビーフは全国的なブランドへと成長したのである。

【但馬牛の育種改良】

神戸肉流通推進協議会による「兵庫県産（但馬牛《たじまぎゅう》）」の規定には、「本県の県有種雄牛のみを歴代に亘り交配した但馬牛を素牛とし、繁殖から肉牛として出荷するまで当協議会の登録会員（生産者）が本県内で飼養管理し、本県内の食肉センターに出荷した生後28か月令以上から60か月令以下の雌牛・去勢牛で、…」とある。つまり県有種雄牛のみを歴代にわたり交配したものを但馬牛と定義している。

県有種雄牛を但馬牛以外に交配することは改良方針に反し、生まれた産子からのみ次代の種雄牛と繁殖雌牛が選抜されているので、集団の遺伝的な純度は高くなる。これを歴代にわたり繰返せば、ますます純度は高まることとなる。

ほんの一時期の例外を除き、兵庫県ではこのような育種形態を１００年以上も取り続けている。

先に述べたように黒毛和種の改良は、他県の遺伝子も積極的に活用して行われてきた中にあって、兵庫県のみが唯一他県の遺伝子をまったく導入しない「閉鎖育種」を行っている。但馬牛が純系といわれる所以である。

集団を閉鎖して維持すると、集団内の血縁関係が高まり、保有する遺伝子に似通いが生まれやすくなる。これは交配を行う上で、まったく血縁関係のない個体を選ぶ機会が少なくなるためである。したがって、集団のサイズが小さいとその傾向はより顕著になる。集団の平均より濃い血縁関係での交配を近親交配といい、集団の斉一性を高める手段として家畜育種の祖と称されるイギリスのロバート・ベイクウェルも採用していた基本的な育種法である。

黒毛和種においてこの近親交配を特に顕著にしたできごとは、1991年に迎えた牛肉の輸入自由化であった。輸入自由化を見据え、コストや肉量では到底太刀打ちできない黒毛和種は、肉質に活路を求めていた。そこで日本の肉牛業界は、一丸となって脂肪交雑の改良に努めた。よりいっそう脂肪交雑を改良することで、外国種との差別化を図り、輸入牛肉に対抗しようとしたのである。そのツールとして活躍したのが、アニマルモデルBLUP法による育種価である。

育種価とは後代に伝達される遺伝的能力を示す数値であり、個々の形質ごと、個体ごとに算出される。例えば脂肪交雑に関する育種価の高い牛を両親とすることで、後代にはそれぞれの親の能力の半分が伝達され、優れた次世代が形成できることとなる。ただし、人間の兄弟姉妹を見ても明らかなように、同じ両親から生まれる後代が全て同じであるわけではなく、両親を凌駕したり、逆に両親を下回る場合もある。ここで重要なのは、後代はその父親と母親の中間を中心にしてばらついているという原則である。つまり、優秀な両親から次世代を生産すれば、ばらつきは生じるものの、高いレベルを中心としたばらつきの中で後代が得られるのである。

この育種価はもちろん誤差なく判明するわけではなく、あくまでも予測値である。その予測に使うのがアニマルモデルＢＬＵＰ法であり、昨今のコンピュータの高性能化で一気に実用化した統計遺伝学的手法である。

アニマルモデルＢＬＵＰ法による育種価予測は、１９９０年代の初め全国に先駆け広島県をパイロットケースとして実用化が図られた。同法を和牛に適用し、全国への普及に尽力したのが神戸大学で教員を務めた向井文雄教授（現全国和牛登録協会会長）であり、現在では東京都、神奈川県、大阪府を除く44道府県で育種価評価が行われている。ただし、アニマルモデルＢＬＵＰ法がいくら優れた方法論であっても、それだけで育種価が予測できるわけではなく、先人が過去に蓄積した和牛の財産ともいえる血統情報と、関係者の協力で収集される精度の高い表現型（形質データ）があって初めて、誤差の少ない育種価が予測できる点を忘れてはならない。

このような育種価を多数の牛で算出することで、選抜の対象が広がり、遺伝的に優秀な牛を選定する精度が向上した。図1は但馬牛の育種価の平均を時間の移り変わりとともに見たもの（遺伝的趨勢）であるが、グラフは1965年生まれの牛を基準として増加しているとプラスへ、減少するとマイナスへ推移する。また、縦軸はそれぞれの形質の遺伝的なばらつきに対する割合で表記してあるため、測定の単位やばらつきが異なる形質を比較することができるようになっている。これより、特に改良の重点を置いた脂肪交雑では、1968年に開始された種雄牛をシステマチックに選抜する産肉能力検定の効果と相まって飛躍的に改良が進んでいることが明らかである。黒毛和種の脂肪交雑に関しては、恐らく他の外国品種の追随を許さない水準に達していると思われる。

また、肉量を示す枝肉重量やロース芯面積も上昇の傾向にあり、皮下脂肪は逆に減少傾向にある。脂肪交雑と皮下脂肪は脂肪の蓄積という意味では類似した形質であるが、望まれる改良の方向は異なっている。但馬牛に限らず黒毛和種では、一般にこれら2形質の遺伝的関係が薄いと報告されており、図1に見られるような両方向への改良が比較的容易に実現している。ただし育種価を用いた育種改良も導入当初から順調に進展したわけではない。牛のように繁殖雌牛という育種素材の半分を民間である農家が所有している家畜では、育種価を算出する方法論そのものより、その方法を育種現場にどう普及させるかの方がはるかに難しい。育種価導入の当初は、そんな得体の知れない机上の数字で、生きた牛が選べるのかという不安と拒否反応が強かった。生産者は自らの目と経験を頼りに、文字どおり生活をかけて牛を選んできたことを考えれば当然である。しかし、関係者の粘り強い普及活動と、徐々に現れ出した選抜の成果により、育種価は現在では改良に不可欠のツールとなっている。

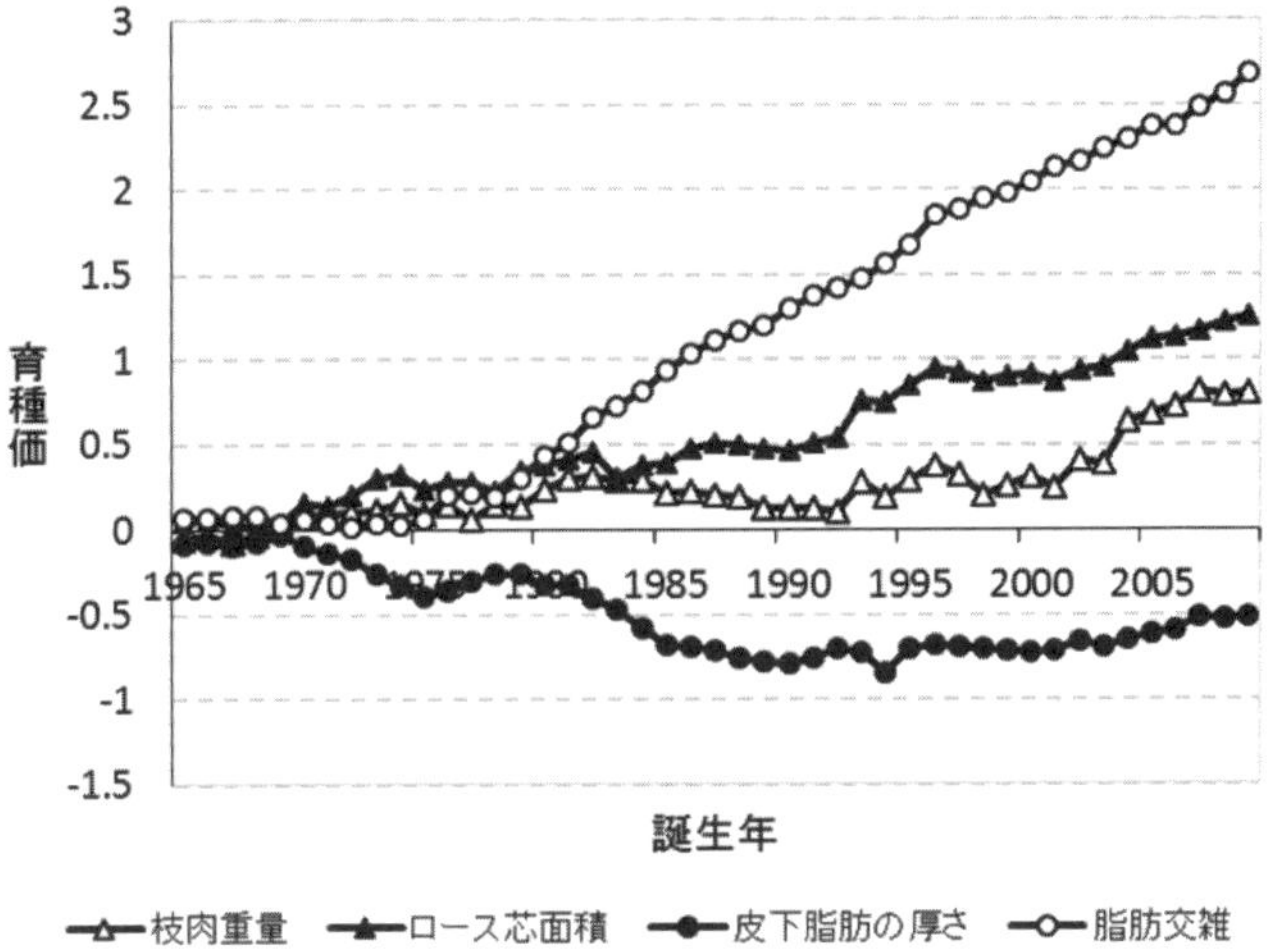

図1　但馬牛繁殖雌牛における枝肉形質の育種価（遺伝標準偏差単位）の推移

【但馬牛の近交係数】

これだけの改良を短期間に成し遂げた事実は驚嘆に値するが、そのために黒毛和種が失った遺伝的多様性も相当なものであった。黒毛和種をはじめ和牛において遺伝的多様性の問題が議論され始めたのは１９７０年代にさかのぼる。当時、但馬牛で算出した近交係数の推移に遺伝的多様性減少の懸念が示された。

集団を閉鎖する以上、長期的に近交係数は不可避的に増加し、但馬牛の平均近交係数も全体に増加の傾向にある（図２）。中でも１９８０年代と１９９０年代の増加が特に顕著であり、産肉能力検定と牛肉輸入自由化への対抗策として導入した育種価評価による種牛選抜が影響を与えたものと考えられる。２０００年代に入りやや横ばいの傾向が認められるものの、直近の数年には再び上昇

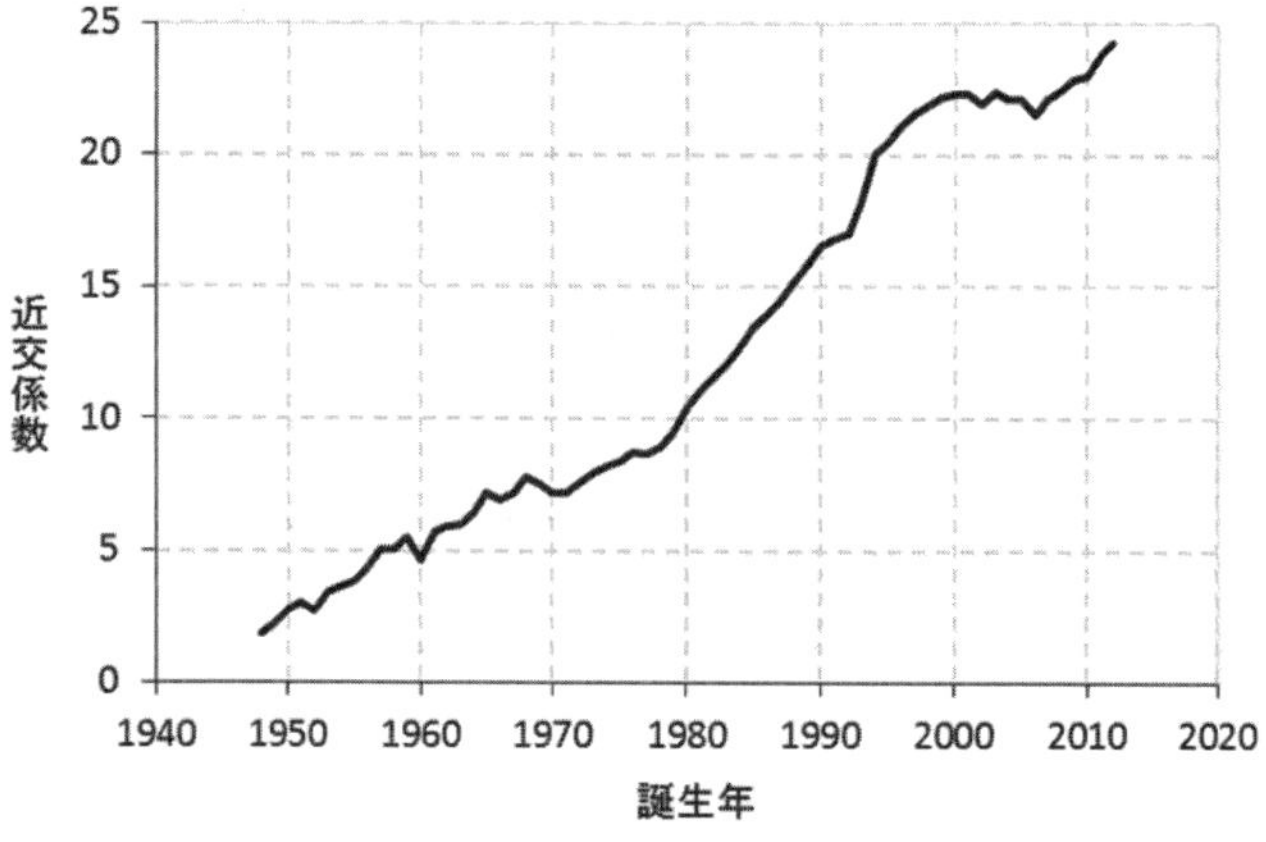

図２　但馬牛繁殖雌牛における近交係数（%）の推移

の気配が見て取れ、平均近交係数は25％に迫る勢いである。

近交係数が25％であるということは、具体的に何を意味しているのだろうか？ある遺伝子座に着目すると、祖先が持っていた一つの対立遺伝子を父親と母親の双方から受け継ぎ、その遺伝子座が「AA」や「aa」など同じ対立遺伝子で構成されている確率が25％であることを意味している。この対立遺伝子の状態を遺伝学ではホモ接合という。さらに各遺伝子座ではなく、全ての遺伝子座の総体としての個体に着目すると、全遺伝子座のうち25％は祖先が持っていた対立遺伝子によりホモになっていると解釈することもできる。このようなホモ化が起きるのは、その個体から辿った父系と母系の双方に同じ個体（共通祖先）が少なくとも1頭出現していることが条件である。

仮に共通祖先が1頭で近交係数が25％の個体がいたとしよう。不幸にもその共通祖先がある遺伝子座で（劣性の）致死遺伝子を一つ保有していれば、12・5％の確率でその個体は致死遺伝子がホモ化し死に至る。ここで致死確率が25％の半分になるのは、共通祖先は致死遺伝子と正常な遺伝子を「Aa」のように一つずつ保有（この状態をヘテロ接合という）しているので、25％には正常な遺伝子のホモ化の確率も同様に含まれるためである。

実際の交配の観点から25%の近交係数をイメージすると、例えば親子間、あるいは兄妹間の交配で生まれる子の近交係数は25%になる。つまり但馬牛の平均的な近交係数は、親子交配をしてできあがる集団と同程度ということになる。驚くべき数値である。

では、近交係数は何%になれば危険なのか？　近交係数を抑えるのが望ましいとすれば、このような疑問が生じるのはいたって当然である。事実、これまでも多くの方から耳にした質問である。ただこの質問に答えるのは相当に難しい。

近交係数が高くなればなるほど、前述のような有害な劣性遺伝子の発現機会は増加する。しかしこれは、個体あるいは集団がそもそもどの程度有害な遺伝子を保有していたかに依存する。仮に不都合な遺伝子をまったく持たない個体や集団であれば、そこに由来する遺伝子が後に子孫でホモ化しても問題にはならない。

一方、遺伝子に関する研究は日進月歩であると同時に五里霧中でもある。牛脂肪の不飽和脂肪酸割合に影響を与えるSCD遺伝子内の多型の存在が２００４年に神戸大学の当時の辻荘一教授らにより報告されたが、経済形質を支配する遺伝子は無数にあると考えられており、まだまだ分からないことだらけである。遺伝様式が比較的単純な遺伝性疾患についても、１９９９年に指定されたバンド3欠損症や2014年に指定されたIARS異常症など、現在まで5疾患について保因種雄牛の登録が制限されているが、今後も新たな疾患が出現するであろう。従って、先の問いには曖昧に「できるだけ低く抑えておくこと」としか答えられないのである。

どのようなことが起きるか誰にも予想できない以上、少なくとも近交係数を急激に上昇させないことが大切である。近交係数の上昇が避けられない現象であるならば、その速度を低く抑え、有害遺伝子を発現した個体を集団から徐々に除去してゆくことである。このために短期的には農家の繁殖雌牛に対して適切な交配指導をし、行きすぎた近親交配を避けることが求められる。

ところが現在の牛の血統構造は複雑であり、単純に父系の名を冠した分類が有効に機能しないことも多い。小さな集団で閉鎖育種を行ってきた但馬牛ではその傾向はより顕著である。その結果、近交係数を抑える交配を人工授精師が即座に判断できない事態が生じている。

そこで兵庫県立北部農業技術センターと神戸大学は、県有種雄牛と農家の雌牛の交配を事前にシミュレーションして情報提供することを考え、そのためのソフトを開発した。MSAS（エムサス）と名付けられたそのソフトは、生まれる後代の近交係数だけでなく、経済形質の予測値を表示し、雌牛側に足りない能力を備える種雄牛を検索するツールとして近年の近交係数の抑制に一定の効果を挙げた。

ただし近交係数の低い交配を選ぶ方法は、いつまでも使い続けられるものではない。表面上ホモ化は抑えられても潜在的に近交係数は上昇を続け、いつか破綻する。遺伝的多様性を維持するためにはより長期的、かつ抜本的な方法を併用しなければならないのである。

【多様性維持への取り組み】

兵庫県では、肉用牛に関する改良目標、改良方針・方策を検討する場として学識経験者、繁殖・肥育関係団体、登録関係団体、試験研究及び行政関係者からなる「兵庫県肉用牛改良委員会」を設置している。長らくその委員長を務めていた向井文雄氏らは遺伝的多様性を維持する方策を検討し、種雄牛が年間、あるいは生涯に供給できる精液に上限を設けた。

そもそも人気のある種雄牛の凍結精液は常に不足し、農家の希望数が実際に配布されるわけではない。その上、改良委員会の決定により、ある種雄牛の娘が一定数以上繁殖用に登録されれば、その種雄牛は廃用され、精液供給は中止されることとなった。遺伝的多様性を維持するためとはいえ、思い切った措置を講じたものと高く評価できる。

とはいえ実際に人気種雄牛を廃用するとなると、事はそう簡単ではない。改良委員会である種雄牛の廃用が議題にのぼったことがある。この種雄牛は、増体面で但馬牛史上最高の能力を有し、脂肪交雑の能力も優秀であった。従って当時、その種雄牛の産子は市場で常に高値で取引されていた。

しかし人気がある故に多くの精液が供給され、その種雄牛の産子が多数繁殖雌牛として県内に保留されていった。結果、当該種雄牛の廃用が検討されたわけであるが、県の看板となっていた種雄牛の廃用には慎重論も根強く議論は白熱した。最終的には、その種雄牛の息牛が順調に基幹種雄牛になりつつあることも考慮し廃用を決定した。さいわい改良委員会に出席していた全委員は、但馬牛の未来のために遺伝的多様性の維持が重要であるとの共通認識を持っていた。つまりその種雄牛の廃用がやむを得ないことは理解されており、議論はそのタイミングに焦点が絞られていた。この共通認識なくしては、議論はまったくの平行線を辿っていたであろう。経済行為である農業と遺伝的多様性の維持の両立がいかに困難かを痛感するできごとであった。

遺伝的多様性が失われるために生じる問題は、前述のような有害遺伝子の発現だけではない。遺伝的な広がりがなくなることで、改良目標の変化に対応できなくなることも懸念される問題である。もし但馬牛が肉用牛として非の打ちどころが一切なく、これ以上の改良を望む必要がないと断言できるならば遺伝的多様性を維持しておく必要はない。しかし、目指す改良の方向は時代とともに変化し、そもそも将来但馬牛に何が求められるかは誰にも予測できない。唯一、生物として子供を効率良く健やかに育てられるような基本的な能力がいつの時代も必要であることが分かっている程度である。

実際、和牛は江戸時代までの役用、明治からの役肉用、そして昭和における肉用へと、その役割を短期間のうちに急激に変貌させ、そのたびに求められる能力も変化してきた。この人間のわがままというべき要望に和牛が応えてくれたのは、とりもなおさず和牛に遺伝的な多様性があったためである。

但馬牛においても、過去には「周助蔓」、「稗飯蔓《ひえめしづる》」、「稲木場蔓《いなきばづる》」など、複数の遺伝的組成の異なる系統が存在し、自然環境の制限により系統間の交配が抑制され、結果的に固有の遺伝資源が各地に残され但馬牛全体としては大きな多様性を保持していた。交通インフラと人工授精技術が普及した現在では、系統間の交配が容易になり、優秀な種雄牛の全県的な供用により枝肉形質の遺伝的水準は急速に高まったが、その代償として遺伝的多様性を失った。

但馬牛の多様性を可能な限り保存しておくためには、集団をいくつかの系統に分割し、現存する遺伝資源を均等に利用してゆくことが求められる。各地に蔓牛がいた江戸から明治時代にかけての但馬国のような状況を現在に作り出すことと似ている。ただし、昔のようにある系統を特定の場所に留めておく必要はない。どこにどの系統の牛がいるかを把握し、適切な交配を指導する体制ができればいいのである。

改良委員会構成機関の若手職員で構成された作業部会では但馬牛の系統分類の手法を検討し、ジーンドロッピングシミュレーションと主成分分析を利用する方法を考案した。集団の系統分類の第1選択肢は血縁関係を用いたクラスター分析であるが、この方法は世代の進行とともに分類の作業を繰り返す際には系統の固定化の面で問題が生じる。また、いくつかの地域から種牛を導入し、育種改良を行ってきた地域などでは明確な血縁上の溝が存在し比較的うまく機能するが、血縁関係が複雑で均一な但馬牛には適用が難しいことも試行錯誤の上、判明している。ジーンドロッピングとはその名が示すとおり、膨大な家系図の最も古い祖先牛（始祖牛）から遺伝子をパチンコ玉のように落とし、現在の集団に始祖牛の遺伝子がどのように伝達されているのかを推定する手法である。

メンデルの分離の法則が示すように、二倍体の生物のある遺伝子座における二つの対立遺伝子は、それぞれ0.5の確率でどちらか一方のみが子供に伝わる。この現象をコンピュータ上で再現したのがジーンドロッピングシミュレーションである。ただし、家系図に沿って一度だけ遺伝子をドロップさせただけでは、現在の集団での遺伝子の分布が偏る危険があり、実際にはこの過程を数万回繰り返して結果を得ている。

その後、始祖牛の遺伝子の伝達傾向を主成分分析により分析し、第3主成分までの主成分得点の正負により分類する手法を採用している。便宜上、G1からG4までを一つの系統（G1－4）とし、残りのG5、G6、G7、G8を合わせ県内の全ての種牛をこれら5系統に分類した。改良の素材として用いるべく各系統から２００頭の繁殖雌牛が能力や系統らしさの程度により選抜され、次世代の核となるべき育種基礎雌牛として3年間の認定を受ける。育種基礎雌牛はそれぞれの系統内での交配が奨励され、その産子から次世代の種雄牛が作り出される体制となっている。現状では各系統は頭数や経済形質の水準に差異があり、特定の系統に供用が集中している。従って、主流でない系統からも経済的に遜色のない種雄牛を造成することが早急に求められている。兵庫県では精度の高い育種価と世代更新のスピードを上げることで主流系統へのキャッチアップを目指しており、今が我慢のしどころである。科学的な系統分類をベースにして、ここまで組織的な多様性維持の取り組みを行っている肉用牛は世界的にも稀であり、その成果が期待される。

【未来の但馬牛と和牛のために】

但馬牛の閉鎖育種は、生産、流通など牛肉生産に関わる人たちの決断であり、神戸ビーフというブランドを守るためでもある。過去には1988年度の肉用牛改良委員会、1999年度の「兵庫県肉用牛振興ビジョン」（兵庫県農政環境部）において閉鎖育種の継続が県の基本方針として確認されている。振興ビジョンは県内の肉用牛振興に関する各種施策の指針であり、2014年度に策定された新たな「兵庫県肉用牛振興ビジョン」検討委員会においても閉鎖育種の堅持が再確認され、同時に多様性維持への取り組みも継続することとなった。

では閉鎖育種は但馬牛だけの問題であろうか？　但馬牛は兵庫県で閉鎖した集団であるが、黒毛和種は日本で閉鎖した品種ととらえることもできる。つまり但馬牛が直面する遺伝的多様性の問題は、いずれは黒毛和種という品種に起きうる問題でもある。そして但馬牛でその解決法が提示できれば、黒毛和種全体にも光明が見えるはずである。兵庫県での取り組みの成否は、黒毛和種によるこれからの持続的牛肉生産と無関係ではない。さらに、但馬牛の存在そのものが黒毛和種の多様性を大きく維持している点も忘れてはならない。

遺伝的多様性を維持する取り組みは未来への投資であり、今日明日の金にはならない。しかし、特定の農家や公共牧場だけで解決できる問題でもなく、但馬牛を飼育する各農家の協力が必須の取り組みである。

確かにこの取り組みには多くの課題と困難が伴う。しかしその基本は、それぞれの農家にいる繁殖雌牛から後継となる娘牛を確実に保留し、血統を途絶えさせないことであり、とらえ方によっては案外シンプルなことなのかもしれない。また、育種基礎雌牛などに指定されると交配に制約が生じ、いわゆる儲かる牛を交配できなくて困るという声もよく聞かれる。生業として農業を行う側から見れば当然である。ただし、その雌牛の全生涯を束縛するわけではなく、後継に残すものが確保できれば、あとの交配は自由である。さらに例えば育種基礎雌牛は県下で１０００頭、全飼育頭数の６％にすぎない。逆に94％は交配に何ら制約がないのである。

林業には「親が植え、子が育て、孫が伐る」という伝統があるという。祖父が植え父が育てた樹を伐ることで自分の暮らしを成り立たせ、父が植え子が伐る樹を育てつつ孫のために樹を植えるのである。今我々が但馬牛、そして黒毛和種で生活ができるのは、先人の農家、指導者、そして何より和牛が持っていた遺伝資源の賜物である。但馬牛そのものの未来と、これからも但馬牛とともに暮らす次世代のために、新たな種を蒔き続けることが今の我々に課せられた役割ではないだろうか。

コラム1 「閉鎖育種を支える」

但馬牛は、閉鎖育種により改良されてきた。ここでいう閉鎖育種は、兵庫県以外の種畜を利用しないということであるが、この方法を継続すると近交係数の上昇が懸念された。そこで、兵庫県では神戸大学に依頼して昭和50年代から近交係数の計算について指導を受けてきた。当時の計算には兵庫県庁の大型電子計算機を用いて計算をしていたようである。当初は、井上　良先生にプログラムの作成や指導をお願いしていたが、プログラム1行や1頭分の個体情報をそれぞれ1枚のパンチカードに打ち込み、これを別のリーダーで読み込んで入力するという大変な労力をかけ、実際の計算においても一晩以上かけて計算していたようである。小さなパソコンの中で全てが完了する現在のシステムからは隔世の感が否めない。ちなみに当時のハードディスクはドラム缶ほどの大きさがあったとか。そこで計算された結果から但馬牛の近交係数の上昇が把握できるようになり、その対応策として系統の再編という概念が構築されていくきっかけになったことを思うと、先人の努力に敬服する。

兵庫県立農林水産技術総合センター北部農業技術センター　福島護之

コラム2 「神戸大学ビーフ」

肥育牛は食肉市場に出荷された後、食肉卸業者に買い取られ、生産者がその後の経路を知ることは少ない。神戸大学の附属農場である農学研究科附属食資源教育研究センターでは、1981年に但馬牛による繁殖・肥育の一貫生産を開始し、以降多くの肥育牛を出荷してきたが、どこでどのように販売されているのかに興味を持つことはなかった。

ところが、2004年の国立大学の法人化をきっかけとして大学の個性と競争力が強く問われる時代となり、大学名を冠してセンターの農畜作物を販売すれば、神戸大学の教育研究活動のアピールにつながるのではないかと考えるようになった。いわゆる大学ブランド商品としての農畜作物の販売である。

神戸大学は不飽和脂肪酸を高める遺伝子の発見や統計遺伝学的手法を活用した育種改良で和牛改良をリードしており、センターで飼育する100頭ほどの但馬牛に大学の研究成果を活用した高品質の牛肉生産にチャレンジしていた。その牛肉を、JA全農兵庫をはじめとする関係者の尽力もあり、大学ブランドとして販売することとなった。世界的に著名な神戸ビーフにあやかり、その名を「神戸大学ビーフ」とし、2005年春から東京の日本橋三越本店での販売が決まった（現在は販売していない）。当時は大学ブランド商品もまだまだ少数で売れ行きへの不安もあったが、予想に反して反響は大きく、マスコミにも多数取り上げられることとなった。

神戸大学ビーフは大学の活動をアピールする上で一定の役割を果たしているが、販売を始めてみて大学ブランド商品にはそれ以上に大事な役割があることに気づいた。大学名を出すことは、生産者としての責任をより明確にすることでもある。ブランド化は、センター教職員はもちろんのこと、実習で生産活動に携わる学生にとっても生産者意識を芽生えさせる教育的意義はとても大きいものがある。

また、大学ブランドが人気なのは、流通する国内外の食品にいくばくかの不安を持つ消費者が大学という安心を購入している側面も否定できない。食べ物が安全であるというアピー

神戸大学ビーフ

ルは本来不必要なもののはずだが、それを疑わなければならないほど生産者と消費者の間に距離があるのが現状である。神戸大学ビーフは誕生から出荷までに使用した飼料と医薬品をウェブサイトに公開し、生産履歴の公表を進めてきた。このような取り組みを通して、消費者の信頼回復の一助となることも大学ブランド商品に課せられた使命である。

神戸大学大学院農学研究科附属食資源教育研究センター　大山憲二

9　人と農を取り巻く自然環境の歴史と在来作物の役割

坂江　渉・宇野雄一

【はじめに】

各地の在来作物や畑作物の今後を考える場合、それらの作物が各地の人びとにとって、歴史上どのような役割を果たしていたかをみることが重要であろう。なぜなら古代以来の厳しい自然環境の下、畑作物は、米と同様に、人々の食を支えてきた長い歴史があるからである。これまで坂江と宇野は、相互に協力しながら、それぞれ歴史学と農学の立場から、神戸大学の地域連携事業に関わってきた。

坂江は神戸大学人文学研究科地域連携センターを拠点にして、主に古代史料にもとづく地域史研究、兵庫県加西市・小野市・たつの市・姫路市香寺町などで、歴史遺産を活かしたまちづくりの支援活動を行ってきた。現在は、兵庫県立歴史博物館において二〇一五年に開設された「ひょうご歴史研究室」の研究コーディネーターとして、館内外の研究機関や研究者と連携しながら、兵庫県内の基礎的な地域史研究に着手している。宇野は篠山市との連携事業の一環として、在来作物を対象とした現地実習の講義に関わってきた。

本章では、まず人と農を取り巻く自然・社会環境の歴史と、その下で畑作物や特定の自生植物（山菜など）が果たしてきた役割を、主に古代～中世史料にもとづき考える。次いで畑作物（畑《はた》毛《げ》）の叙述がある程度豊富に登場する江戸時代の播磨地方の村、具体的には、現在の姫路市香寺町域の村々の関連史料を紹介し、その中身を文系・理系の双方の立場から吟味する。それを通じて、農作物をめぐる歴史資料の収集・保全と活用、及び文農連携の重要性について指摘する。さらに神戸大学が進める連携・教育事業との関連で、在来作物が持つ意義や役割などについて述べる。

【厳しい自然・社会環境と畑作物・自生植物が果たす役割】

過酷な生存条件

近年の新しい歴史研究により、古代から中世の地域社会の人々の生存条件が、かなり過酷なものだったことが分かってきた。現代の日本において、一年間のうち、人の死亡数が集中する季節は、一月から二月の厳冬期である。しかしこの時代、人が最も多く亡くなるのは、旧暦の夏、現在でいうと五月から六月頃にかけてであった。

この時期は、稲作の農繁期であるとともに、食料の面では、ちょうど端境期にあたる。春先に作り終えた「苗子」の移植、すなわち田植え作業にともなう食料消費などにより、それまで各農家で備蓄されてきた稲種や米穀が枯渇する。食料難に陥ることにより、毎年大量の餓死者が出るのが普通だったらしい。

室町時代から戦国期の東日本のある寺院の「過去帳」を分析した田村憲美氏は、その著書『日本中世村落形成史の研究』（校倉書房、一九九四）の中で、この時期、「〝飢え〟は毎年決まって訪れるものであった」と述べている（同書、三八九頁）。これは古代でも似通った状況で、弘仁一〇年（八一九）六月二日の太政官符には、「去年登《みの》らず、百姓の食乏し。夏時に至りて、必ず飢饉《ききん》あり」（『類聚三代格《るいじゅうさんだいきゃく》』巻一九。原漢文。以下同じ）とある。古代にも、毎年、「夏時」に飢饉が起きるのが常態だったことが分かる。

慢性的な飢饉の時代

飢饉といえば、江戸時代の「三大飢饉」（享保・天明・天保）が有名であるが、古代から中世の日本は、いわば慢性的な飢饉の時代であった。栄養素やエネルギー摂取が不足すると、当然、人間の抵抗力や免疫力が弱まる。そのため疫病が蔓延するのもこの季節であった。これが当時の人びとの死亡率を、ますます高めることになった。

奈良時代の戸籍データにもとづくと、当該期の男女の平均寿命は三〇歳前後と推定され、人口構成は、現在の「少産少死」（少子高齢）型とは正反対の「多産多死」型であった。このような厳しい自然・社会環境は、江戸時代に入ると幾分緩和されていくものの、基本的に明治時代の前半頃まで続いたとみられる。日本列島で起きた最後の大きな飢饉の年は、明治一八年（一八八五）であった。兵庫県福崎町出身の民俗学者の柳田國男も、その体験を、『故郷七十年（新装版）』（神戸新聞総合出版センター、二〇一〇）の中に書いている。

米と稲作をめぐる叙述が大半

このような厳しい生存条件の時代、現在の兵庫県域については、『播磨国風土記《はりまのくにふどき》』（以下、単に風土記と略する場合がある）という、八世紀に作られた日本最初の地誌が残されている。そこには約三六五程度の地名起源説話が収められ、この頃の庶民の生業や食事情、あるいは地域生活史の一端を探り得る史料となる。

そのなかに農と食をめぐる叙述はたくさん出てくる。しかしその大半を占めるのは、神に米

（飯《いひ》）を献上する話や、神がそれを食べる話、あるいは稲作の作業・水利・道具などをめぐる神話など、稲作（米づくり）に関わる説話である。「粟《あわ》」の播種を語る伝承が賀古《かこ》郡鴨波《あわわ》里条において収められ、また「黒葛《くろかづら》」に関する記述がいくつかみえる（揖保《いひぼ》郡家嶋条、宍禾《しさわ》郡敷草村・安師里・波加村・御方里・大内川、神前《かむさき》郡湯川条）。しかしムギなどの穀類や野菜・果物などをめぐる説話はほとんど登場しない。

穀霊信仰

これは古代の人びとが、毎日、米を主食として食べていたことの反映ではない。事実はその逆であり、当時の庶民が、米を十分にたくさん食べられる機会は、春と秋に定期的に開かれる村の祭祀など、特別なハレのときだけに限られていた。人びとは、そういう稲作の祭りのときだけ、米とそれによって醸造された神酒《みき》を、たらふく共同飲食できたのであった。古代国家の勧農《かんのう》政策により、水田稲作は、当時の人びとが就くべき「生業《せいぎょう》」の中心に据えられていた。しかし生産基盤の脆弱性により、食べたくても、なかなか口にできないのが米という穀物であった。

そのため米粒（飯穂《いひぼ》）は、人間に特別なパワーと生命力を与える「穀霊《こくれい》」が宿るものとして、信仰の対象にもなっていた。風土記において米と稲作をめぐる説話が多いのは、過酷な自然・社会環境下で生きる人びとの、米という食料への憧れと願望、あるいは信仰心の表れであった。

夏の「飢饉」をしのぐ食料としてのムギ類

それでは、古代から中世の庶民たちは、一体どのような食べ物、なかでもどんな作物を食していたのであろうか。もちろん米に代わる日常的な食べ物があったわけではなく、農作物と自生植物の収穫（獲得）時期に左右されながら、季節ごとに食べられるものは、何でも食べるというのが実情であろう。

そのなかでまず穀物類に関していうと、粟や稗のほかに重視されたものがムギ類だったようである。一〇世紀にできた日本最初のジャンル別の百科辞書、『倭名類聚抄《わみょうるいじゅうしょう》』の巻一七には、ムギ類として、「麦」「大麦」「小麦」「麦奴」「蕎麦」「穬麦」（カラスムギ）の六種類が具体的に挙げられている。このうち特に重んじられていたのは、大麦・小麦・蕎麦の三種類だったと考えられる。

周知のように、ムギは秋蒔きの冬作物で、収穫時期は初夏の頃、現在の五月から六月である。これは前述のように、古代・中世の人々が食料難に陥り、最も「飢える」時期であった。したがってムギは、この苦難な季節を乗り切るためのものとして、最も大事にされた作物の一つだった。この点は、古代国家が八～九世紀に奨励した「雑穀」栽培の関連史料からうかがうことができる。

例えば、養老七年（七二三）八月二八日の太政官符では、「畿内・七道諸国に大小の麦を耕種する事。（中略）。麦の用たるは、人にありてもっとも切なり。乏を救ふの要、此に過ぐるはなし」（『類聚三代格』巻八）とある。また天平勝宝三年（七五一）三月一四日には、「大小の麦、これよく夏の乏しきを助く」という文言を伴う命令が出され（『類聚三代格』巻一九）、その一五年後の天平神護二年（七六六）九月一五日の命令にも、「麦は絶を継ぎ、乏を救ふ。穀のもっとも良し。宜しく天下の諸国をして、百姓を勧課し、大小の麦を種《う》えさせるべし」（『類聚三代格』巻八）とみえる。さらに九世紀の承和六年（八三九）七月二八日には、「蕎麦」の利点として、播種後の収穫が早く、しかも「土の沃瘠を択ばず、生熟が繁茂する」ことが挙げられ、「飢えを療《いや》すため」、その積極的な栽培が求められている（『類聚三代格』巻八）。

このように夏に収穫されるムギは、人々の飢えをしのぐ「備《び》荒《こう》作物」（飢饉に備える農作物）としての役割を果たしていた。そのため国家によっても、その栽培が全国的に奨励されていた。

小麦を索餅（麦縄）にして食べる

こうして収穫されたムギを、当時の庶民が、どのように調理・加工して食べていたかを具体的に示す史料はない。しかし朝廷内の「小麦」に関わる史料だが、一〇世紀の古代国家の行政マニュアル集、『延喜式』巻三三の大膳（下）の「造雑物法」条が、一つの手がかりとなる。そこには七ヶ寺の「盂蘭盆の供養料」に使う「索餅《さくべい》」という食べ物の調理・加工法がみえる。「小麦粉一石五斗」に対し、「米粉六斗」と「塩五升」を混ぜ、「六百七十五藁の索餅」を作れと書かれている。

索餅とは、当時、「ムギナハ」（麦縄）とも呼ばれる食料であった。その単位が「藁」であることにより、おそらく細長い加工品、すなわち現在の「干しうどん」状のものだと推定されている。これによると、すでに一〇世紀の段階から、一般に夏に収穫した小麦を粉にして、それを干しうどん状に調理・加工して食べる習慣があったといえるかもしれない。

麦の収穫時期と収穫調製のタイムラグ

しかしムギがつねにそのような形で、人びとの「飢え」を救う食料として順調に機能していたとは限らない。というのも、一つに、ムギの収穫時期は、ちょうど梅雨の季節に重なるからである。

現在でも、一般に大麦の収穫は六月上旬頃、小麦の収穫は六月下旬頃である。またムギという作物は、穀殻の脱着性が固く、収穫後すぐに脱穀できず、一定期間の乾燥を要する性質を持つ。

このように収穫期が梅雨と一致することと、収穫時期と穀物調製との間に、一定のタイムラグがあることが、右の索餅（麦縄）などを食べることを困難にした可能性がある。そのため農民たちが「青麦」を刈り、それを「蒭草《まぐさ》」として売買したことを語る記述が古代史料にみられる（弘仁一〇年六月二日太政官符が引用する天平勝宝三年〈七五一〉三月一四日格、『類聚三代格』巻一九）。しかしその間にも、「飢え」はどんどん進んだはずである。前述のように、それにより大量の人びとが亡くなる事態が生じていたと考えられる。

大豆と小豆

ムギのほか、飢えをしのぐ備荒作物として役割を期待された雑穀は、大小の豆及び胡麻などであった。双方とも当時の人びとに対し、貴重な蛋白源や脂肪源となるもので、かつ保存性の利く作物である。

承和七年（八四〇）五月二日、諸国に向けて再び雑穀栽培を奨励した太政官符では、「黍」「稷」「稗」

「麦」などとともに、「大小豆」と「胡麻」を播殖すべきことが命じられている。その際、国家は、これらの作物が「凶年を支え給《たま》ふもの」との位置付けを行っている（『類聚三代格』巻八）。

このうちマメについては、古代にもいくつかの種類がみられた。国家の税制関連史料には、「大豆」「小豆」のほか、「醬大豆」「秣大豆」「大角豆」（ササゲ）「白大豆」などの名を確認できる。それぞれの詳細な産地は不明だが、一〇世紀の『延喜式』巻二三・民部（下）の交易雑物条には、これらを税として朝廷に納めていた国《くに》の名が載せられている。それによると、当時のマメ類は、近畿地方や西日本の国々から献上されるケースが多かった。

例えば、「大豆」を納入する国としては、「近江」「美作」「備前」「備中」「紀伊」「伊予」のほか、現在の兵庫県域を構成する「播磨」と「丹波」の国が含まれていた。また「小豆」については、「美作」「備前」「備中」「紀伊」「阿波」とともに、やはり「播磨」の国名が挙げられている。

播磨や丹波地方は、現在でもマメ類の栽培が盛んな地域であるが、その始まりは、古代にまでさかのぼることを示す。ただし留意すべき点は、それらの作物が、当時の庶民にとっては、あくまで備荒作物としての役割を担っていたことであろう。

畑作物の収穫に感謝する祭り

時代ははるかに降るが、マメ類については、一五世紀の大和国や紀伊国の荘園における、旧暦七月一五日の「盂蘭盆《うらぼん》」に捧げられる供物《くもつ》をめぐる関連史料がある。その中において、「ウリ」(瓜)、「ナスヒ」(茄子)、「根イモ」(根芋)、「子イモ」(小芋)などと並び、「枝大豆」や「ササケ」(大角豆)などが含まれている点が注目される。このうち「枝大豆」は、「青大豆」とも書かれることのある(『延喜式』巻三三・大膳(下)七寺盂蘭盆供養料条)、今日の「枝豆」をさすと思われる。

この史料を分析した中世史家の木村茂光氏は、著書の『ハタケと日本人』(中公文庫、一九九六)において、とくに盂蘭盆に供えられる品物のほとんどが、畑作物である事実に着目した。そして従来、仏教の祖霊《それい》信仰の行事としてとらえられてきた盂蘭盆が、もともとは、瓜・茄子・芋や「枝大豆」「ササゲ」など畑作物に対する収穫祭としての側面を持つと説く。盂蘭盆の行事は、「畠作物の収穫によって、農繁期の重労働と飢えと疫病を乗り越えることができたことに感謝する、歓喜の祭り」だったと述べている(同書、一七六頁)。これは、マメやウリ・ナスビ・イモなど、夏場に収穫される畑作物が果たす役割の再評価に迫る、たいへん興味深い見解といえるだろう。

このように古代から中世においては、現在、兵庫県内を含め各地で「在来作物」「伝統野菜」として栽培されている畑作物の多くが、「食用作物」と「園芸作物」の違いに限らず、もともとは備荒作物としての役割を担っていた事実がみえてくる。

備荒植物としてのクズとワラビ

最後に畑作物ではないが、「飢え」をしのぐ「備荒植物」として食された「葛《くず》」と「蕨《わらび》」についても触れておきたい。

クズもワラビも古代から各地に自生し、しかも食用に供されていたことは、いくつかの史料が示すところである。クズについては、現在の兵庫県下でも、古くから各地に生えていたようで、前述の八世紀の『播磨国風土記』には、西播地方の宍禾郡（現在の宍粟市あたり）を中心にして、「黒葛《くろかづら》」の自生情報が記されていた。

すでに中尾佐助氏が、『栽培植物と農耕の起源』（岩波新書、一九六六）で指摘しているように、クズとワラビを食用にするためには、それぞれの根をつぶし、大量の水でデンプンを流し出し、それを水に晒《さら》してデンプンを集める方法がとられていた。そして最終的にはダンゴ状にして食されるのが普通だった。

現在でも、このやり方にもとづき調理・加工された「くず餅」「わらび餅」が、菓子類として食されていることは周知の事実である。なかでも「吉野葛」を素材にした「葛切り餅」は、京都や奈良で高級和菓子として売られているほどである。しかし、古代から中世においては、これらもまた「備荒植物」であり、またクズは「薬草」としての側面も持っていた。

ワラビをめぐる殺人事件

このうちワラビについては、一六世紀前半に書かれた公家の日記、『政基公旅引付《まさもとこうたびひきつけ》』の中に有名な記事がみえている。この日記は、京都の公家で「前関白《さきのかんぱく》」である九条政基が、自己の所領、和泉国の日根荘《ひねのしょう》に下向した、文亀元年（一五〇一）から永正元年（一五〇四）までの現地滞在日記である。その中の文亀四年（一五〇四年二月二九日に永正に改元）二月一六日条には、前年が旱魃《かんばつ》による飢饉であったので、同地の多くの百姓が「餓死」するさまが描かれている。そこで村人たちは「蕨」を掘って、その根からデンプンを採り、灰汁抜きのため、川で水に晒していたとある。ここからは、ワラビという植物が、飢饉を乗り越えるための貴重な植物として利用されていた事実をうかがえる。

ところがその際、ワラビが連夜盗まれるという事件が起きた。村人がその犯人を追いかけて行くと、彼らは「瀧宮」という場所の「巫女《みこ》」の家に逃げ込んだ。そこには巫女とその息子の兄弟がいたが、「盗人」であるが故に、村人は母子ともども三人を「殺害」したと記されている。

時期は「自力救済《じりききゅうさい》」の世の戦国時代であったので、悲惨な結末となったが、飢饉をしのぐためには、ワラビは必要不可欠のものであり、それを確保するために殺人事件さえも起きる現実が横たわっていた。「備荒植物」としてのワラビが果たしていた役割を端的に示す史料といえるだろう。

以上のように、古代から中世における畑作物や特定の自生植物は、厳しい自然・社会環境を生き抜くための食料資源として重要な役割を担っていた。それらを栽培したり、あるいは地域資源として利用する場合にも、こうした歴史に眼を向けることも大事になろう。

これらの点を踏まえた上で、次に江戸時代の村の畑作物をめぐる史料に光をあててみる。

【江戸時代の『村明細帳』にみえる畑作物】

江戸時代の村勢要覧『村明細帳』

庶民生活における畑作物の栽培をめぐる史料が、断片的な形ではなく、しかも村を単位にして豊富になるのは、江戸時代の中期以降である。江戸時代には、全国に約七～八万程度の数の村（自然村落）があったといわれるが、村々を支配する領主は、その統治の節目節目において、各村の村高《むらだか》（米の見込み収穫高）・面積・人口戸数・寺社・牛馬数・山林・水利・農作物など、当時の村勢要覧ともいうべき『村明細帳《むらめいさいちょう》』（以下、明細帳と略す）を提出させることがあった。現在もその控えの史料（古文書）が、旧庄屋宅、財産区事務所、自治会館などで保管されているところがある。また地域によっては、それを翻刻《ほんこく》したものが、地元の『自治体史』などで刊行・公開されている。

現在の姫路市香寺町域には、かつて江戸時代には二一の村があった。このうち二〇の村には明細帳が残っており、なかでも一七の村については、寛延三年（一七五〇）、姫路藩（酒井家）に提出された明細帳の控えが伝わっている（図1・図2参照）。大槻守氏を室長とする香寺町史編集室と神戸大学人文学研究科地域連携センターは、これを含む町内の歴史資料の悉皆《しっかい》的調査を行い、その成果の一端を、『香寺町史　村の記憶』として刊行した（二〇〇五）。

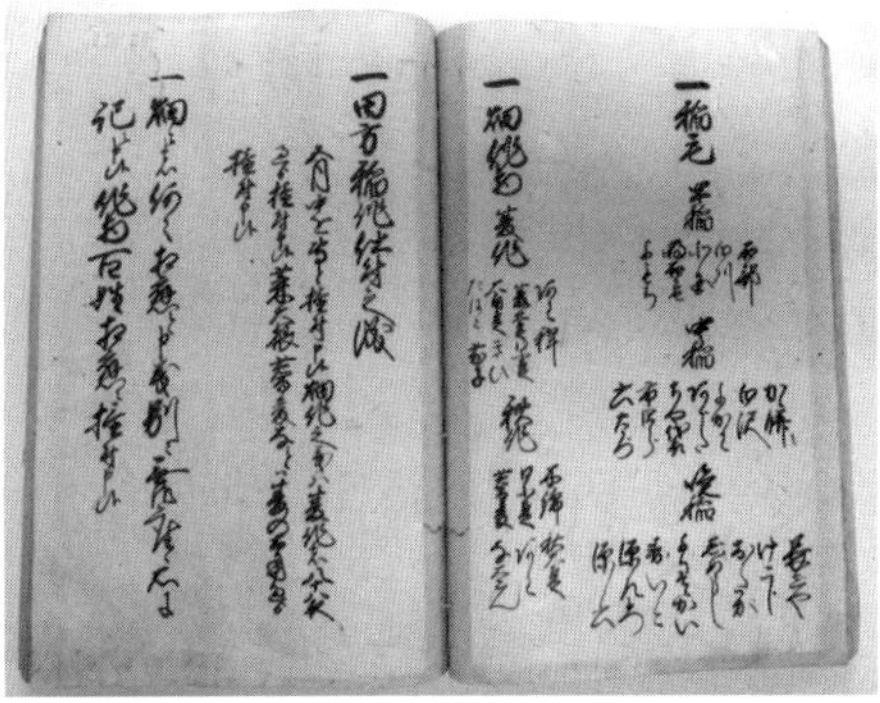

図１．寛延3年(1750)田野村明細帳(表1の⑬田野村部分に対応。香寺町史研究室提供)

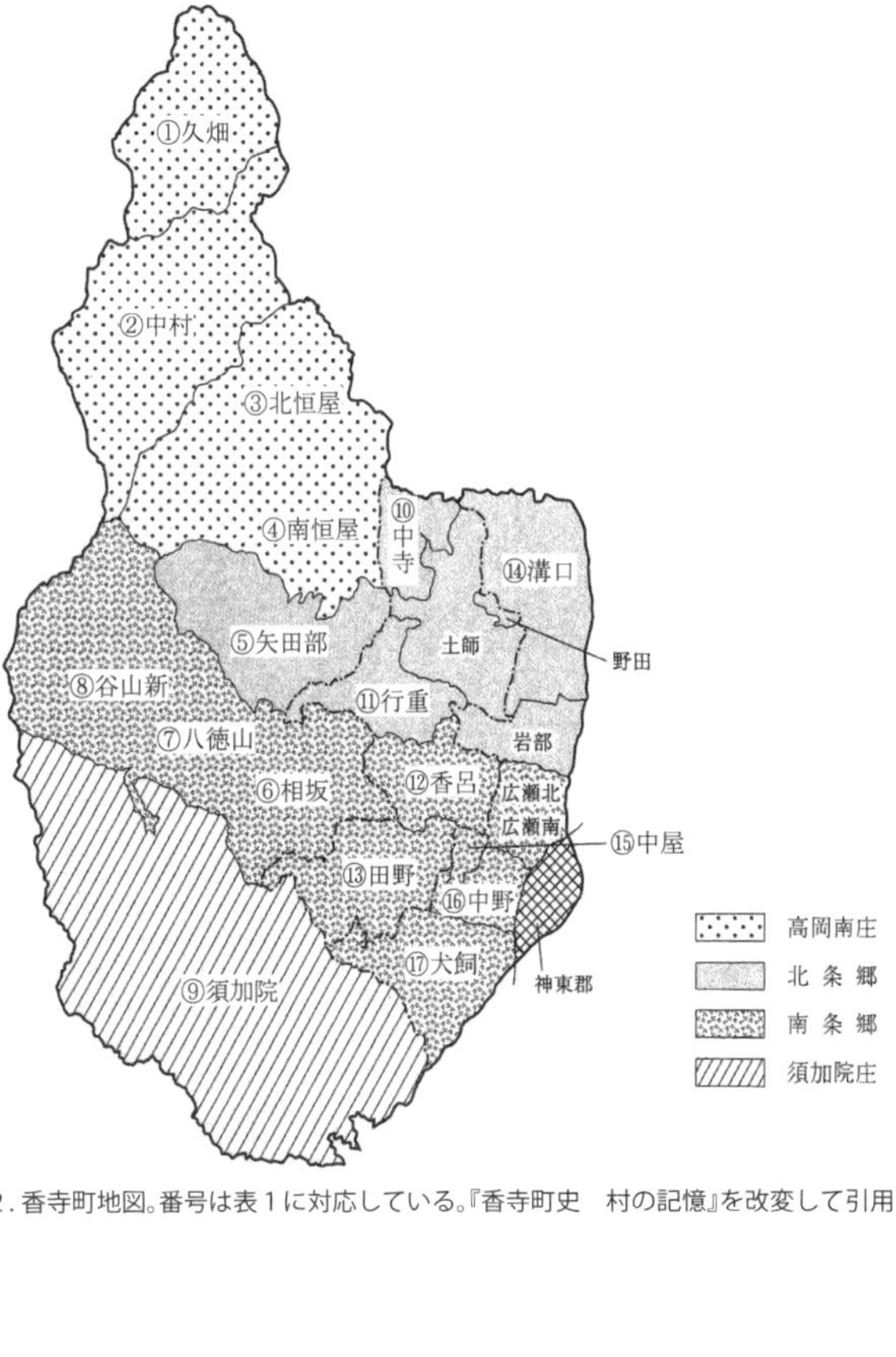

図２．香寺町地図。番号は表１に対応している。『香寺町史　村の記憶』を改変して引用

多彩な畑作物の栽培

表1に示す一覧表は、現存する寛延三年の明細帳の史料から、「畑毛《はたけ》」(=年間を通じての畑作物)の記載内容を全て取り出し、村ごとに提示したものである。これをみれば分かるように、一八世紀中頃の香寺町域では、木綿や煙草(多葉子・たはこ)のほか、大豆・小豆・麦・蕎麦・大根・茄子など、多彩な植物が栽培され、ムギ類には様々な品種が成立していたことが読み取れる。また植え付けの時期が記されている場合もある(表1の⑤⑥⑨⑫⑬⑭)。

このうち大豆については、年貢(本途物成《ほんとものなり》)や御用米の一部として、姫路藩に上納されていたらしいが(『香寺町史　村の記憶』資料編、一七頁)、そのほかの畑毛は、自家消費だけに留まらず、あるいはその一部が商品作物として、姫路城下に売りに出されていた可能性もある。というのも、近世史家の河野未央氏が、その論文の中ですでに指摘しているように、明細帳の別の箇所には、村人が「薪炭」を仲買いして、「日雇い稼ぎ」していたことを示す史料が見いだせるからである(『町史編集室年報　ふるさと香寺』七、二〇〇五)。

表1　現在の姫路市香寺町域に残る寛延3年（1750）明細帳にみえる「畑毛」（畑作物）一覧

村名	大分類・作型	栽培品目
①久畑村 （高岡南之庄犬飼組）		木綿、大豆、小豆、粟、きひ、ひゑ、大こん、 菜、そは、茄子
②中村 （高岡南之庄犬飼組）		木綿、ひへ、夏粟、蕎、秋大豆、夏大豆、 小豆、さゝけ、な大こん、きひ、多葉こ
③北恒屋村 （高岡南之庄犬飼組）		木綿、大豆、小豆、大角豆、蕎麦、菜大こん、 きび、ひへ、粟、茶、多葉粉
④南恒屋村 （高岡南之庄犬飼組）		木綿、大豆、小豆、粟、きび、ひへ、大根、 蕎麦、雑事*[1]
⑤矢田部村 （高岡南之庄犬飼組）	夏作：三月晦日頃より植付仕候*[4] 秋作：菜大根ハ夏土曜過ニ蒔申候*[4]	ひへ、あわ、さゝけ、こま、夏大豆、小豆 木綿、大豆、小豆、あわ、そは、菜大こん
⑥相坂村 （南条郷犬飼組）	麦安 秋毛：夏土用より秋の彼岸迄ニ仕付申候*[4]	曳麦、ちやせん、江戸麦、裸麦、品々*[1] 大こん、蕎麦、菜、大豆
⑦八徳山 （南条郷犬飼組）		大麦、麦安、ねち戻シ、茶せん、ひく麦、小麦・ 谷ひかり、木綿、大豆、大こん、蕎麦、あわ
⑧谷山新村 （南条郷犬飼組）		大麦、茶せん、ひく麦、麦安、ねち戻シ、小麦、 白小麦、木綿、大豆、大こん、蕎麦、こま、あわ
⑨須加院村 （須加院庄犬飼組）	早麦 中麦 晩麦 夏作：三月頃より植付申候*[4] 秋作：菜・大こん・蕎麦ハ夏土曜過ニ蒔付申候*[4]	江戸麦、京はたか、こほれ 引麦、八こく、ねちもとし 小麦、白小麦 夏大豆、大角豆、あわ、稗、夏小豆 木わた、そは、大こん、菜、大豆、里いも、 ごほう
⑩中寺村 （北条郷犬飼組）		木綿、ちや、大豆、小豆、粟、ひゑ、蕎麦、 さゝけ、いも、なすひ、たはこ、菜大根
⑪行重村 （北条郷犬飼組）	大麦 麦安 小麦	八こく、江戸穂、引麦 ねち戻、奴 白小麦、高坊主 木綿、大豆、ひゑ、さゝけ、小豆、蕎麦、 あわ、菜、大こん
⑫香呂村 （南条郷犬飼組）	大麦 麦安 小麦 春之彼岸より蒔付申候*[4] 夏之土用過ニ蒔付申候*[4]	江戸麦、茶せん、引麦 ねぢ戻シ、奴、京裸 白粉、谷光り、高ほうき 木綿、粟、稗、大豆 菜、大根、蕎麦 麦作、□*[2]、茄子、煙草、茶、いも、牛房、 山のいも、小豆、さゝげ、空豆
⑬田野村 （南条郷犬飼組）	夏作 秋作	あわ、稗、夏大豆、同小豆*[3]、大角豆、きひ、 たはこ、茄子 木綿、秋大豆、同小豆*[3]、あわ、蕎麦、な大こん
⑭溝口村 （北条郷山崎組）	仕付時ハ八十八夜より十日程之間*[4] 同五月ノ節ニ入候テ四、五日之間*[4] 同七月ノ節ニ入十二、三日目より蒔申候*[4]	木綿、夏大豆、大角豆 ひゑ、あわ、きび、こま、秋大豆 諸雑事*[1]、蕎麦
⑮中屋村 （南条郷犬飼組）	大麦 麦安 小麦	江戸麦、ちやせん、引麦 ねち戻、京はたか 谷ひかり 木綿、大豆、さゝけ、ひへ、蕎麦、菜、大こん
⑯中野村 （南条郷犬飼組）	麦	江戸ほり、ちやせん、こほちう、ひく麦、 ねしもどし、麦安、小麦、白小麦、谷ひかり 木綿、大こん、蕎麦、大豆、菜
⑰犬飼村 （南條郷犬飼組）	大麦 麦安 小麦	江戸穂、引麦、ちやせん ねち戻シ、奴 白小麦、谷ひかり 木綿、大豆、さゝけ、ひへ、菜、大こん、そは

*[1] 雑事、品々、諸雑事：その他の作物の意
*[2] □：読解不能文字
*[3] 同小豆：同は、直前の接頭語と同様の意（ここでは夏小豆、秋小豆のこと）
*[4] すべて旧暦（新暦では+1〜1.5ヶ月程度のずれがある）

「畑毛」にみられる作物の普及性

「畑毛」一覧表にある栽培品目には、作物名と在来品種名（以下、単に品種名と略する）が混在しているため、現行の作物との対応付けを行い、表2に整理した。一〇種類の食用作物（主食になり保存性が高いもの）、四種類の工芸作物（繊維用、嗜好用、油用など加工利用されるもの）、及び七種類の園芸作物（野菜、果樹、花卉のことで、保存性が低いもの）に分類し、栽培されている村数が多い順番に並べ替えた。

この表をみると、全村で栽培されている作物は、ソバとダイズのみであることが分かる。両作物は、商品作物として販売されたり、飢えをしのぐ備荒作物として栽培されていたと推定できる。一六九七年に宮崎安貞が著した『農業全

表2　現在の姫路市香寺町域に残る寛延3年（1750）明細帳にみえる「畑毛」（畑作物）の栽培品目の分類

分類	作物名	畑毛における表記	栽培村数
食用作物	ソバ	そは、蕎、蕎麦	17
	ダイズ	大豆（夏大豆、秋大豆）＊	17
	アワ	粟、あわ（夏粟）＊	13
	ヒエ	ひゑ、ひへ、稗	13
	ササゲ	さゝけ、大角豆、さゝげ	11
	アズキ	小豆（夏小豆、秋小豆）＊	10
	オオムギ	大麦（曳麦、ひく麦、引麦、茶せん、ちやせん、こほちう、江戸穂、江戸麦、江戸ほり、八こく）＊	9
	ハダカムギ	麦安（裸麦、ねち戻シ、ねぢ戻シ、ねち戻、ねしもどし、ねちもとし、奴、京裸、京はたか）＊	9
	コムギ	小麦（白小麦、白粉、谷ひかり、谷光り、高ほうき、高坊主）＊	8
	キビ	きひ、きび	6
工芸作物	ワタ	木綿、木わた	16
	タバコ	多葉こ、多葉粉、たはこ、煙草	5
	チャ	茶、ちや	3
	ゴマ	こま	3
園芸作物	ダイコン	大こん、大根（な大こん、菜大こん）＊	16
	ツケナ	菜	8
	ナス	茄子、なすひ	4
	サトイモ	里いも、いも	3
	ゴボウ	ごほう、牛房	2
	ヤマノイモ	山のいも	1
	ソラマメ	空豆	1

＊括弧内は在来品種名と推定できるもの

書』では、ソバは人手が要らず、他の農作業と重ならず、かつ収穫量が多いことから栽培品目として推奨できると解説されており、前述の『類聚三代格』巻八で指摘されている、栽培期間の短さや、土壌への適応力と共に、広く普及した理由と考えられる。

工芸作物では、ワタが抜きん出ており、一六村で栽培されている。『姫路市史』第四巻には、ワタ栽培が大和・河内・津の国・播磨（香寺町を含む地域）で有名であったこと、女子の農間余業として木綿仕売りや木綿織が盛んに行われていたこと、綿実から採った油の取引量が多いことなどが書かれており、香寺町で栽培されたワタが、同様に利用されていた可能性がある。

園芸作物は、食用作物と比較して保存性が悪いためか、品目数・栽培村数ともに少ない。いつ飢饉や不作が訪れるか分からない状況で、主食となる穀類や、タンパク源となる豆類以外の作物に対し、貴重な畑や肥料を費やすことは非効率的であり、注目度は低いといえる。

しかしながら、ダイコンだけは異なり、一六村の明細帳でみえるとおり、広範囲で栽培されている。これは、収穫後に干したり、漬けたりして貯蔵する技術が発達していたことが一因であろう。青葉高氏は、野菜に関する著書の中で、ダイコンが備荒作物として扱われていたことを指摘しており、『草木六部耕種法』の「主食を補う食品として栽培され、飢饉の年にはとくに重要視された」、

『農業全書』の「唐人は根葉ともに漬けおき朝夕のさいとなし、尤飢を助くると書きたり」、『市川日記』の「凶作の徴候があるとダイコンの作付けをした」などの記述を紹介している。

このように当時の農民は、保存性と付加価値の高いものを優先して、栽培品目を取捨選択していたことが推測できる。

「畑毛」にみられる作物の品種

栽培における品種は、有用形質を持つ非常に価値あるものとして扱われてきたため、その有無や名前から、当時の農業や文化に関する未知の情報を得ることができる。「畑毛」一覧表からは、ダイズ、アワ、アズキ、ムギ類、及びダイコンと、様々な品種（または品種群）を確認できる。

ダイズは開花条件の違いによって品種が分化しており、温度に敏感な夏ダイズ型品種と、日長に敏感な秋ダイズ型品種がある。畑毛には、「夏大豆」と「秋大豆」の表記があり、『農業全書』にも同様の記述があることから、この時代には品種として成立し、二種類の作型で栽培されていたことがうかがえる。同様に、アワやアズキにも〝夏〟を冠した品種がある。

ムギ類では、コムギ（小麦）、オオムギ（大麦）、及びハダカムギ（麦安《むぎやす》）のそれぞれについて、多様な品種が登場している。コムギの「白粉」という品種名は、粉に碾《ひ》いてから食べることに由来している。品質の基準には、白度があり、高いほど高品質と判断される。また、光って見える度合いを示した硝子率があり、これが高いと白度が低下する。「白小麦」や「谷ひかり（谷光り）」という品種名は、これらの特徴を表すものである。他方、「高ほうき」や「高坊主」は、穂型に由来すると考えられる。オオムギは、皮が実から容易にむけるかどうかの皮裸性により、カワムギとハダカムギの品種群に分類される(注)。その特性を反映しているのが、オオムギの脱穀を示す「曳麦（ひく麦、引麦）」、及びハダカムギの「裸麦」や「京裸（京はたか）」という品種名であると推測できる。

ハダカムギは、奴麦と呼ばれていたが、「奴」という品種名もあった。オオムギの「茶せん（ちゃせん）」、ハダカムギの「ねぢ戻シ（ねち戻シ、ねち戻、ねしもどし）」も、コムギの場合と同様に、穂型に由来すると考えられる。

興味深いことに、ハダカムギには、「京裸（京はたか）」があり、オオムギには、「江戸穂」「江戸麦」「江戸ほり」という地名が付いた品種名がある。愛媛県農林水産部農林水産研究所の『裸麦よもや

(注) 香寺町の史料では、オオムギがカワムギのことを指すと考えられる。

ま話―品種名考―』によれば、愛媛県にも「京むぎやす」と呼ばれる品種が江戸時代に存在していた。ハダカムギは、以前から愛媛、香川を中心に主に四国、九州で栽培されているが、これは寒さに弱いためであり、逆にオオムギは寒さに強く、関東以北で栽培されることが多かった。

このように地名入り品種は、土地固有のブランドづくりの側面に加え、地方の気候から予想される生育特性の情報を持つことから、作型を決める手立てにもなる。品種は新しい土地で作型ができれば根付き、代々受け継がれていく。香寺町に隣接する福崎町では、粘り気の多い、もち性のハダカムギ「もち麦」が、現在も伝統作物として栽培されている。

食用作物の品種は豊富であるが、工芸作物及び園芸作物には、品種名の記録がほとんどない。唯一、ダイコンに限っては、「菜大根（な大こん）」があり、四つの村に記録がある(注)。葉を食用とするダイコンは、一般のダイコンに比べ、根より葉の生育が旺盛で、表面の毛が少なく、葉の切れ込みが小さいなどの特徴がある。『農業全書』には、葉と根をともに利用できるダイコンの品種として、ネズミの尻尾のような細い根を持つ滋賀県在来の「伊吹菜（ねずみ大根）」が紹介されている。また、宮城県には「小瀬《こぜ》菜大根」という、茎葉のみを食する在来品種があり、江戸末期

（注）ただしほかの村には、「菜」だけの表記がありツケナ類（アブラナ属）と菜大根（ダイコン属）を混同していた可能性もある。

から栽培が続けられている。『村明細帳』の調査により、兵庫県においても、葉を利用するダイコンが栽培されていた可能性を示す新しい知見が得られた。

品種名には、作物の作型、由来、品質、形態、利用法などの情報が反映されており、人びとが大切に品種を守りながら改良を重ねてきた歴史を垣間見ることができ興味深い。

理系・文系間の学術連携と史料保存の重要性

このように明細帳は、江戸時代の各地の村々で、野菜類を含むどんな種類の畑作物が栽培され、それが人びとの生活や、年貢制度・経済流通機構といかに関わっていたかを探り出せる貴重な史料群である。今後、地域で発掘された作物を、「在来作物」「伝統野菜」として保存し、商業利用を考える場合にも、まずはこれらの歴史資料にも眼を通すことが、付加価値（ブランド力）を高める作業となるだろう。

歴史を振り返ることにより、その作物の地域文化的な価値や、「伝統」の中身を知ることができる。そのためにも農作物をめぐる、大学内の理系・文系間の学術連携を強めていくことが望まれるところである。

ただし『村明細帳』などの歴史資料は、どの地域においても残っているわけでなく、また十分な悉皆的調査ができていないところも少なくない。各地の自治体の担当部局が、住民への協力を求めつつ、大学とも密な連携を取りながら、持続的・組織的な史料調査活動を進めていくことが重要であろう。

【在来作物の意義と活用】

在来作物の保存

農家における農作物の種取りは冬の仕事であり、よく乾燥させたものは、いろりの上に俵や瓶などで貯蔵していた。旧家に行くと戦前の種子に出会うことも多い。兵庫県では、在来作物を保存する組織「ひょうごの在来種保存会」（発起人・山根成人）が二〇〇三年に発足している。八〇〇人以上の会員からなる大規模な会で、著書『ひょうごの在来作物』では、前述の「もち麦」を含む九十種の在来種(注)をリスト化している。前述の「もち麦」も含まれている。世話人の一人の小林保氏は、「地域の在来作物を収集し、種を採り続けて次世代に引き継ぐことを目的として、

（注）在来種は、狭義では外来種の対語として使用されるが、ここでは在来作物、伝統野菜、地方野菜、ふるさと野菜の同義として使用されている。

調査活動、見学研修、及び保存会通信の発行など、活発な活動がボランティアで行われている」と、共著『種から種へつなぐ』の中でその活動を紹介している。在来作物は、病虫害抵抗性の育種が進んでいないことから、一般的に育てにくい。また、生産者の高齢化が急速に進み、種とともに情報も消えゆく可能性が高い。そのような状況下で、「ひょうごの在来種保存会」が進める「種取り人」を育成するために行う採種活動や、農家との対話を軸とする聞き取り調査は、遺伝資源と文化を保存する上でかけがえのない役割を担っている。青葉氏は、在来作物について「野菜には、空腹や栄養を満たす食べ物としての側面があるだけでなく、特に在来品種には、その来歴、地域の歴史、栽培・利用の文化を伝えてきた文化財としての側面がある。だから急速に消失しつつある『生きた文化財』として野菜の在来品種を保全することは急務である」と述べているが、この考えを伝えていくことが我々の役目であろう。

在来作物は生きた教材

神戸大学農学部では、「農家に直接学ぶ」ことを目的として、農業農村フィールド演習の講義（現：実践農学入門）を二〇〇七年にスタートさせた。篠山市に受け入れをお願いし、毎年異なる地区で実習を行って早や九年になり、受講生は、多くの受入農家から様々なことを学んでいる（1章参照）。主として在来作物の黒大豆の栽培を習うが、地域固有の材料を使用することで、受講生は関心と意欲を示した。佐々木寿氏は、ダイコンを用いた農村地域資源の教材化を試み、生徒たちの授業への興味と関心の強さを知った上で、「在来品種は、地域で培ってきた文化資源そのものであり、地域農村社会への認識を高める手段となりうる。また、地域特産の在り方を検討し、在来野菜がどのように生活に密着していたかを明らかにする教材である」としている。

また、木島温夫氏は、著書『教育としての栽培・園芸』の中で、地域の伝統的栽培植物は、その土地の人々の歴史を創ってきた努力が刻み込まれていることから、大きな教育教材になると述べている。実習の際に、受入農家の方が語っていた「黒大豆の栽培はイネと違って難しい、この実習で学生の指導のために勉強する機会ができてよかった」という言葉が印象に残っている。在来作物は、指導者と学習者双方のための現場

図3　在来作物の黒大豆畑で受講生に語る篠山市の受入農家

で活用できる生きた教材であるといえよう。

今後の課題

在来作物の生産及び繁殖は、生産者の高齢化問題があり、絶滅の危機に瀕しているといっても過言ではない。黒大豆のように需要があり、販路が整備されている在来作物は保存を問題とする必要はないが、このようなケースは非常に稀である。細々と栽培されている在来作物の保存活動が続くためには、協力者や理解者を増やすことが必要である。今後も在来作物という地域資源を活用した実習を続けると同時に、座学でも活動を紹介することで、情報を広めたいと考えている。

また、前段で述べた理系・文系間の学術連携の推進は、これまでにはないアプローチによって在来作物の歴史的考証ができる可能性を含んでいる。特に『村明細帳』など、野菜をめぐる歴史的記述は、稀少な情報源である。それにもとづき、品種や作型がどのように成立したか、それに人々がいかに関わったかという考察を積み重ねていくことが、教育と地域発展へのフィードバックになると考えられる。

第2部　コウノトリを大切にする兵庫の農業

1　コウノトリの野生復帰とコウノトリ育む農法

（1）コウノトリの野生復帰

保田　茂・西村いつき

【コウノトリとは】

　コウノトリは、コウノトリ目コウノトリ科に属する東アジア特有の鳥で、全長約110cm、翼開長180～200cmに達する我が国最大級の鳥である。シベリア東部のアムール川流域から中国東北部の湿地帯を主な生息地と繁殖地とし、中国揚子江周辺やポーヤン湖を中心に越冬する。現在約2000～2500羽が生息すると推定され、時折、日本へも飛来する。基本的には繁殖地と越冬地を移動する渡り鳥であるが、過去の日本においては、河川、湿地、水田と里山という農村の環境に適応し、留鳥として繁殖・越冬をする個体群も生息していた。

　近くに林地のある湿地や草地、河川域などで繁殖し、湖沼や遊水池、水田などで越冬する。動物食の鳥であり魚類や爬虫類、両生類、貝類、甲殻類などを好む。文化財保護法に基づく特別天然記念物であり、環境省レッドリスト絶滅危惧ⅠA類、ワシントン条約付属書Ⅰ記載種である。

【コウノトリを育んだ円山川と田んぼ】

兵庫県北部の但馬地域（以下、但馬）では、人々の暮らしに円山川が大きな影響を与えている。円山川は朝来市生野円山（標高640・1m）に源を発し、大屋川、八木川、稲葉川、出石川などの97支川を合流させながら、豊岡盆地を流下して日本海に注いでいる。流域面積1300㎢の一級河川で、流域は山地86％、平地14％で、平地は豊岡盆地を中心とした穀倉地帯となっている。河底勾配は9000分の1と緩く、河口から約16km上流の出石川合流点近くまでが、海水と淡水が混ざる汽水域になっている。そのため、回遊魚や汽水・海水魚の割合が高く、数多くの生物が生息する多様な環境を形成している。

円山川は多くの恵みをもたらす一方、流域の勾配が緩やかなことから、頻繁に洪水をもたらした。人々は頻繁に氾濫する川に悩まされ治水対策を行いながら、川と折り合いをつけて暮らしてきた。幕末時代には、出石藩により「大保恵堤防《おおぼえ》」が築かれたという記述がある。洪水の主な理由は台風によるものである。1959年9月の伊勢湾台風では1万6833戸が浸水し、1990年9月の台風19号では2508戸が浸水、2004年の台風23号では多くの堤防が決壊し、豊岡市全域で死傷者56名、浸水家屋7944戸と甚大な被害をもたらした。国や県は、１９２０年から１９３７年に現在の河道の原型になる流路変更を行い、１９３７年には大規模な河川改修工事を行った。その後、長い年月をかけて堤防の嵩上げなどが進められてきたが、治水が進む一方で、生物の生息環境の多様化が損なわれてきた。２００４年から10年までに約６５０億円を投じて、河道整備や築堤、内水対策、堤防強化などを行う河川激甚災害特別緊急事業が採択され緊急治水対策を始めた。その際、国は２００２年に「自然再生推進法」を定めた。翌年に県が中心になって「コウノトリ野生復帰推進計画」を策定した。さらに、国土交通省と県は、コウノトリをシンボルにした河川環境の再生を目指す「円山川水系自然再生計画書」を策定し、コウノトリと共生する河川環境の創出を試みることとなり、２０１２年には円山川下流域周辺水田がラムサール条約に登録された。

円山川は水上交通の要であり豊かな漁場でもある。さらに、川辺に生育するコリヤナギを利用した柳行李が現在の鞄産業を育んできた。川下流域には干潟やヨシ原などの湿地環境が分布し、汽水域に生息する魚類や水生昆虫も多く見られる。かつて、豊岡盆地には「じる田」と方言で呼ばれる低湿な田んぼが一帯に広がっていた。「じる田」での農作業は「嫁殺し」といわれるほど重労働であった。１９４９年に土地改良事業が施行され、当地でも１９６５年からほ場整備による乾田化が始まり、コウノトリの餌となる生物が激減していった。

【保護の歴史】

かつて、但馬ではコウノトリが大空を舞い川辺や田んぼで餌を啄み、松の木に巣をかけてヒナを育てる姿が間近で見られた。人々はコウノトリを「つる」と呼び、瑞鳥《ずいちょう》として崇めると同時に、田植え後に田んぼにやって来るコウノトリを追い払う「つる追い」や、空砲を撃って追い払う「ツルオドシ」をしながら、瑞鳥と害鳥の二つの側面を持つコウノトリに愛着を感じながら暮らしてきた。

コウノトリは明治時代に乱獲で生息数を減少させたが、１９０４年から県などが保護を行い１９３４年には20ペアが確認されている。しかし、第二次世界大戦中にコウノトリが巣を作る大きな松の木が伐採されて営巣木を失い、渡りのルートが戦地になって消失するなどして、１９５０年には2ペアが確認されるのみとなった。県では１９５５年に当時の坂本知事がコウノトリの保護の必要性を呼びかけ、「コウノトリ保護協賛会」（のちの但馬コウノトリ保存会）を発足させ官民一体となった保護活動を展開した。ドジョウ一匹運動や保護基金活動などにより一時的に生息数は増加したものの、1961年に制定された農業基本法の下に農業の近代化や効率化が進められ、化学肥料や農薬のような化学合成物質の使用、農地や水路の整備などにより、コウノトリの餌になる生物が減少し1964年には12個体に減少していった。高度経済成長の社会的背景の中、県は自然界での保護増殖を断念し、1963年にコウノトリの種の保存を目的に人工飼育に踏み切ることを決意し、1965年に1ペアを捕獲して人工飼育を開始した。飼育下では地道な人工飼育が黙々と進められた。

その後、急速な経済発展に伴い自然環境が損なわれ、1971年に日本の野生コウノトリは豊岡盆地を最後に絶滅した。そして、多くの人々はゲージの中に追いやられたコウノトリに目を向けることも、コウノトリが自然界からいなくなった原因を深く考えることもなく生活してきた。1985年にロシアから譲り受けた6羽の幼鳥から1989年に待望のヒナが誕生した。1992年には「コウノトリ野生復帰調査委員会」が設けられ野生復帰の模索が始まった。1999年に野生復帰の拠点となる施設として県立大学併設の研究機関「兵庫県立コウノトリ郷公園」が開園し、保護・増殖及び野生復帰に向けた研究が進められることとなった。1989年以降、順調にヒナが誕生し、2002年には、かつて、但馬に一番たくさん生息したといわれる

100羽を突破したのを契機に本格的に野生復帰事業がスタートした。2003年には野生復帰に向けた行動計画を示す「コウノトリ野生復帰推進計画」が県のリーダーシップにより官民協働で策定された。この計画に基づき、2005年には野生復帰に向けて初の5羽の試験放鳥が行われ、2007年には43年ぶりに野外でヒナが誕生し46年ぶりに無事に巣立った。2012年には「第二期コウノトリ野生復帰推進計画」が策定され、但馬全域に生息域を拡大する方針が明記された。このような取り組みによって、放鳥と自然界での繁殖により、2014年には80個体を超えるコウノトリが人里で暮らすようになった。

【コウノトリ野生復帰事業と農業の変革】

野生復帰が目指したものは、再び自立した個体群を確立しようとするものである。その取り組みとは、コウノトリが繁殖できる生息環境を再創造するために、我々が豊かさと引き替えに行った生息環境の破壊、農業の近代化による餌生物の減少などコウノトリの絶滅要因を取り除く実践活動を伴うものである。野生復帰を進めるためには、人々が地域の有り様や自身の日々の暮らしを見直す「地域創生」や、自然との関わり方を見直しコウノトリが生息可能な環境を創出する「自然再生」、人とコウノトリの関係を見直す「社会環境の創出」が求められる。さらには、人々の豊かさに対する価値観を「量的な拡大」から「質的な充実」に転換することが必要となる。

とりわけ、コウノトリの絶滅原因となった農業の変革が一番に求められた。県ではコウノトリ野生復帰のために生物多様性に配慮した農業の実現に着手し、「コウノトリ育む農法」（以下、育む農法）という稲作技術の確立と普及を行った。育む農法は「生態的健全性」「経済的実行可能性」「社会的公平性」の三つの要素を持ち、社会経済の仕組みを根本から変えるための戦略として期待されるアグロエコロジーを具現化するものと考えられる。

育む農法の拡大を支えてきた背景には、1992年から全県で農業生産と環境保全の両面から農業技術を組み立てる環境創造型農業を推進してきたという素地がある。量を追い求めてきた近代農業から安全性や生物多様性を重視する有機農業を頂点とする環境創造型農業への転換は、農業者の価値観のパラダイム転換を必要とする。まさしく、環境創造型農業の理念に対する県民の幅広い理解と支援が、コウノトリ野生復帰を成功に導く鍵を握るものであった。

（2） コウノトリ育む農法・生き物を育む稲作技術

西村いつき

【技術確立のみちのり】

兵庫県北部の但馬地域（以下、但馬）に位置する豊岡盆地は、日本における野生コウノトリ最後の生息地であった。コウノトリは営巣木の伐採、化学肥料・農薬の使用や水田と水路の分断などによる餌生物の減少や繁殖障害などによって1971年に絶滅した。当地域には江戸時代から官民挙げてコウノトリの保護活動を行ってきた歴史があるが、高度経済成長時代の波には逆らえず、自然界での保護増殖を断念して1965年から人工飼育による保護増殖が試みられてきた。長い苦難の末、1985年にロシアから譲り受けた幼鳥によって1989年に繁殖が成功し、以降飼育下における増殖が順調に進んだ。その後、1992年にコウノトリ将来構想調査委員会が設立され、1999年に野生復帰の拠点施設として「コウノトリの郷公園」が開園した。2001年に飼育数が100羽を超えたのを契機にコウノトリ野生復帰推進協議会が設置され、地域を挙げて野生復帰プロジェクトに取り組む体制整備をしてきた。2003年にコウノトリ野生復帰推進計画が策定された。2005年に5羽のコウノトリが試験放鳥されることとなり緊急に餌場の確保が求められた。

コウノトリの野生復帰を成功させるためには、水田や用排水路が餌場として機能しなければならないが、水田環境はコウノトリが大空を舞っていた約50年前とでは大きく変化しており、水田の餌場機能は大幅に低下していた。豊岡農業改良普及センター（以下、普及センター）は、2002年からコウノトリが野生復帰後に自立して餌を啄むことのできる水田環境を作るため、化学肥料や農薬の削減のみならず、生き物が一年中生息できる水田環境と稲作とを両立する、コウノトリ育む農法（以下、育む農法）の技術確立に着手した。2003年には、水田の生き物調査に基づきコウノトリの餌場と水田内の生物量から算出して一羽あたり約4haの生き物が豊富な水田を必要とするという見解を示し、先駆的農業者と技術実証に取り組んだ。そのため初期段階では失敗が相次ぎ農業者に多くの負担を強いる結果となった。

周囲から口さがない批判を受けながらも、失敗の状況をつぶさに調査し、先進事例や文献と現地の調査データを比較分析して対策案を協議し、同じ失敗を次年度に繰り返さない努力を続けていった。普及センターは育む農法の確立にあたり、国や県、市の事業を活用して全国から有機農業の研究者や実践者を招聘して篤農技術や民間技術、伝統農法の勉強会を実施した。これらを

「いい話を聞いた」ということで終わらせないように、コウノトリの郷営農組合や豊岡エコファーマーズとともに技術実証し、数々の失敗を繰り返しながら地域に合うものにセレクトしていった。2005年には、その結果を踏まえて、定義や要件を設定し栽培暦を完成させ、「コウノトリ育む農法」と命名した。

さらに、JAたじまに対し組織化の支援を要請し、2006年にJAたじまに事務局を置く「コウノトリ育むお米生産部会」（以下、部会）が誕生した。2008年には但馬の3市2町で部会組織の再編を行った。部会は月2回程度の現地研修会や技術啓発用のたよりを発行し技術の平準化を進めた。部会の設立によって新たな参入が促されるとともに、技術伝達や部会員相互の情報交換が盛んになった。

【育む農法の特長】

育む農法の特長は、地元の有機資源を土づくりの資材として用い、冬期湛水、早期湛水、深水管理、中干し延期などの一連の技術を導入して、豊かな水田環境を創出してコウノトリの餌生物を育み抑草と病害虫の抑制効果をもたらすことである。これらの技術は育む農法の要件に組み込まれ、栽培期間中化学肥料化学農薬不使用の無農薬タイプと、栽培期間中化学肥料不使用で化学農薬を慣行の75％以上削減する減農薬タイプに分けられた。

従来の稲作と大きく違うのが水管理である。田植え1か月前から水を張る早期湛水をし、田植え後も深水管理を行って水生生物の住処を確保する。オタマジャクシが蛙に変態し、ヤゴがトンボに羽化する7月上旬頃まで中干しをしない中干し延期。そして、収穫後は微生物の餌になる堆肥または米ぬかを施用してから湛水する冬期湛水を行い、イトミミズやユスリカの発生を促し翌年の抑草に役立てている。

【育む農法の基本技術】

健苗育苗

育む農法では、育苗期間も化学肥料や農薬を使用しないため、育苗中の根あがり現象やムレ苗対策のために、中苗以上の健苗をプール育苗で確保する技術を導入している。現在は、無農薬タイプの安定生産を図るために成苗の導入が図られている。

中苗育苗では、一箱あたり浸種籾で80g以下になるよう薄播きを奨励し、ＪＡたじまが無消毒種子を斡旋している。自家育苗の場合は、農業者がライスグレダーで選別後に種子消毒する。種子消毒技術には2通りあり、温湯消毒機を利用する場合は、コシヒカリで63℃の湯に7分浸漬し速やかに冷水で冷やす。食酢を利用する場合は、袋詰めした種籾と食酢希釈液（100ℓに対し5倍酢1ℓ）が容量比で1対1になるように準備し、液温が5～25℃の範囲で一昼夜（24時間）浸漬する。シンガレセンチュウの発生のない地域では、温湯消毒より食酢による処理の方が低コストで失敗が少ないという理由で増加している。

浸種は、充実した種子を選んでいるため、浸種日数が少ないと発芽不良が発生するので150日程度とし低温浸種（10℃程度の流水が望ましい）を行う。催芽は自然催芽を基本としハト胸状態に催芽させた種籾を脱水機で水切りする。

育む農法は、栽培期間中化学肥料不使用のため培土も有機肥料を用いる。有機培土に灌水すると有機肥料に水分が添加されて発酵が促されて菌糸が発生し、水はじきを起こして自動播種機が使えないという事例が発生することもあり、無肥料培土を用いて有機肥料を底面施肥する方法を用いる大型農家もいる。

生態系の底辺を豊かにする耕畜連携

育む農法では、生態系の底辺を広げるために地元の有機資源である家畜排泄物（牛糞堆肥、発酵鶏糞など）や米ぬかなどを微生物の餌として利用している。２００２年から畜産農家の堆肥施設の導入を進め、堆肥散布組合の組織化を図るとともに利用方法について実証圃を設置して検討した。その結果、冬期湛水前に牛糞堆肥や米ぬかを施用することで、イトミミズ、ユスリカ、ヒダリマキガイ、ミジンコなどが増加することや、牛糞堆肥が未熟であっても冬期湛水することでイトミミズなどに分解されてトロトロ層が形成されることが確認できた。実証結果を踏まえて、育む農法の要件に資源循環という項目を置き「堆肥・地元有機資材の活用」を共通事項に定めた。

これにより、堆肥の利用が促進され管内の畜産農家から供給される畜糞が農地還元されるようになった。当初は冬期湛水前に微生物の餌として、堆肥を10ａあたり６００kg、または、米ぬかを10ａあたり50kgを散布する基準を設けたが、堆肥や米ぬかが不足し価格も高騰したため、２０１０年以降は地域にふんだんにある発酵鶏糞も利用できるように改善された。

自然の仕組みを活用した抑草技術

育む農法では、全ての水田雑草を除草剤で除草する発想から、水稲の収量や品質に悪影響を与える雑草だけを、雑草の生理生態を利用して抑草する技術の組み立てを行った。

栽培期間中化学肥料化学農薬不使用の無農薬タイプでは、堆肥など有機資材の投入↓畦付けなど漏水対策の実施↓冬期湛水↓早期湛水↓2回代掻き↓田植え直後の有機酸発生資材の投入↓深水管理↓中干し延期といった作業体系を組んでいる。一連の作業には生き物を育む効果があるが各作業を確実に実施しないと抑草効果は期待できない。

堆肥など有機資材の投入は、前述のとおり微生物の餌の供給源であり、施用がない場合はトロトロ層が薄くなる傾向がある。漏水防止対策（畦付け作業、畦シートの設置）は水管理をしやすくするために行う。また、冬期湛水を実施すると大量にイトミミズが発生し堆肥を食べたイトミミズの糞によってトロトロ層が形成される。トロトロ層には雑草種子の埋没効果が認められ、冬期湛水が有効な抑草技術として認知されることによって導入面積が増加している。但馬ではトノサマガエルが冬眠に入る前に入水を開始し、3月上旬まで概ね5㎝の水位を維持するように推奨している。冬期湛水実施後に、早期湛水に移行後も雑草の発生が見られないときは不耕起田植えを推奨している。この場合、通常の田植機の利用が可能で耕耘や代掻きなどの作業が省略できる。初期生育は少し遅れるものの栽培期間中のイトミミズの発生が多くなり抑草効果も継続し、収量・品質ともに上々の成績を上げている。

通常は3月上旬に冬期湛水を終え、有機肥料の散布などをしやすくするために水田を乾田化する。有機肥料を散布したあと、概ね田植えの1か月前から早期湛水を始める。早期湛水開始後、すぐに荒代掻きを行うと、1週間～10日でノビエなどが発芽してくる。水温を保ち湛水状態を維持するとコナギやホタルイなども発生する。田植えの3日前に仕上げの代掻きを行い、発芽したノビエやコナギ、ホタルイなどを一掃する。

田植えは、概ね5月20日を目途に行う。これは、①水温が上がり雑草が発芽した後に代掻きで雑草を一掃することで田植え後の雑草の発生量を少なくする ②イネミズゾウムシの発生ピークをさけるという抑草と害虫対策の二つの効果を狙うものである。田植えの後にコナギ対策のために米ぬかペレット（10ａあたり材料と作業手順：米ぬか約90kgと、おから約10kgを撹拌し、水などで水分調整したあと、タイワ精機製のペレ吉くんでペレット化し、発酵させずに乾燥させる）を10ａあたり約80kg散布する方法と、ＥＭ糖蜜活性液（10ａあたり材料と作業手順：糖蜜10ℓと

ＥＭ活性液10ℓと水80ℓを混ぜてＥＭ糖蜜活性液を作る）を散布または流し込む方法がある。米ぬかペレットはペレット製造の手間と機材といったコストが発生するため、大型農家や営農組合はＥＭ糖蜜活性液を流し込む方法を用いる傾向がある。

田植え後は、徐々に水位を上げて８㎝以上の深水を40日間保つ管理を行う。この方法により、田植え後に発芽したノビエは幼折しノビエ対策ができるようになった。また、中干し延期が終わる頃になると稲も繁茂して光を遮るので、その後の雑草の発生や生育を抑制する。

生態系を生かした害虫制御

地元の有機資源を餌にし、冬期湛水、早期湛水、深水管理、中干し延期の一連の体系は、抑草効果をもたらすのみならず、イトミミズやユスリカ、ミジンコを増加させる。イトミミズはトロトロ層の形成に関与し、ユスリカは害虫が出現するまでの間、蜘蛛など益虫の餌になり、ミジンコは水生生物の餌になる。

魚道が設置されている水田では、ナマズやフナ、タモロコ、ドジョウが遡上し、水田の中の豊富な餌を食べて大きくなっている。

通常、但馬では、6月20日頃から中干しを行うが、育む農法ではオタマジャクシがカエルに変態する7月上旬頃まで中干しを延ばす中干し延期を行う。深水管理と中干し延期により、従来なら干上がって死滅してしまうオタマジャクシが生き残り変態を遂げたカエルが、カメムシやウンカなどの害虫を食べてくれる。通常なら心配されるカメムシによる斑点米の発生が無農薬タイプでは少なく、生態系による害虫制御能力が確認されている。

普及センターでは、このことを農業者や地域住民に認知してもらうため、単時間でできる生き物調査マニュアルを作成し、年間数回の生き物調査を農業者や子供たちと実施し、育む農法の水田の生き物の多さを数字とともに実感してもらうと同時にデータでも確認をいただいている。2013年からは部会員と関係機関が生き物一斉調査を行いカエルの変態を確認してから中干しに入っている。

【育む農法の成果】

県では育む農法の普及拡大のために、各種事業（環境創造型農業推進事業、環境創造型農業実践モデル地域育成事業、環境創造型農業普及啓発推進事業、ひょうご元気な「農」創造事業）を導入し面積拡大と技術強化を図った。その結果、2014年度には育む農法栽培面積が約400haになった。

育む農法のお米は、生産費所得保障方式での価格決定を行い、再生産できる米価を定めている。「このお米を買い支えることがコウノトリの餌場を確保し、コウノトリの野生復帰に貢献できる」という物語性に後押しされて順調に売れている。また、お米以外にも純米酒や純米吟醸酒、純米大吟醸、焼酎、米粉商品、化粧品と次々に新しい商品が開発され順調な売り上げを示している。

さらに、育む農法に付随し水田の生物多様性や害虫制御を確認する手段のために作成した「営農のための生き物マニュアル」を農業者のみならず、小学生や中学生が環境学習で使用し、育む農法の生物多様性を実感する取り組みが行われている。栽培体験や生き物調査を通して「命と命のつながり」や「食の大切さ」を学んだ子供たちが、地域の大人に影響を与えるという現象が起きるなど、但馬の地域性を生かした環境学習が広がりつつある。

この結果、「水田の中をスイスイ泳ぐ小魚たち」「早朝、水田から一斉に舞い立つトンボたち」「蜘蛛の巣に朝露が付き白く輝く水田」など、幻想的で感動を誘う水田風景を作り出している。さらに、消費者からは、「地域の環境を創造する農業者を心から尊敬する」などの意見が寄せられ、生物多様性という視点でも育む農法の評価は高まっている。

【今後の課題】

育む農法の課題として、失敗のない抑草技術の確立のみならず、除草剤不使用で問題になるコナギをも逆手に取った発想の転換や、育む農法の利点を引き出すための新たなお米の総合評価方法も必要である。食味だけでなく、甘みやうまみ成分、生体金属などを分析し、従来の安全安心のみならずお米の機能性をも加味した評価法が必要と考える。

なお、「育む農法に完成版はない」と考えている。飽くなき改善が産地振興には不可欠である。当地域では普及センターが中心になり、関係機関や生産者と連携して毎年技術改善を行っているため、現況は刻々と変化していることも申し添えたい。

（3）持続的水田抑草技術の確立を目指して
～天然資材を用いた抑草法～

澤田富雄

【はじめに】

農薬を用いない農法を目指すにあたって、最も克服しがたい問題の一つとして雑草防除が揚げられる。１９４６年に英国ロザムステッド農事試験場で開発された2・4－PAが戦後まもなく日本に紹介され、水田用除草剤として全国で普及が開始された１９５０年以降、革新的な技術としてまたたく間に全国に広がり、手取り除草の労苦から農家は解放されたのである。

その後、効果の高い除草剤、選択性の高い除草剤、低毒性の除草剤と、それぞれ時代のトレンドは変わっても、雑草防除法の展開は、除草剤の開発とほとんど同義であり、それ以外のアプローチはないに等しかった。

しかし、近年、科学万能主義への懐疑心から自然への回帰心が醸成され、自然界に存在しない物質を使用した食材への不安も高まりを見せ、化学合成農薬などを用いない、いわゆる有機農業への関心が高まっている。

このような社会的変化は、多くの公的機関の農業技術者にとっては、にわかに受け入れがたいものであった。農業技術は、除草剤開発以外の雑草管理法の研究を切り捨て、多収化、低コスト化、良食味化に向かって進んでいたからである。

しかし、その間にも民間研究者の努力によって、様々な抑草技術が生まれてきた。一例を示せば、水田の深水管理技術、米ぬか投入技術などである。現在、筆者らのような公的機関の研究対象となっている抑草技術は営々と積み上げられてきた民間技術の確認がベースとなっているのはいうまでもない。

ただし、これまでのところ、除草剤のようにまったく草が発生しない状況を生み出す抑草技術は見いだされていない。つまり、現在注目されている天然資材は、強還元状態の作出による雑草の出芽不良、遮光による雑草の発芽抑制が狙いであることから、広い水田では、株際や条間、足跡など環境が異なり、全てを満足できる効果が得られないからである。

こうした抑草法には、適用可能な水田とそうでない水田が見られるばかりではなく、ある程度の熟練が必要である。また、目標収量達成に影響しない雑草の種類や発生量の確認も重要な視点であろう。

兵庫県但馬地域で取り組まれている「コウノトリ育む農法」（以下、育む農法）は、コウノトリの野生復帰に向け、その生育環境を望ましい状態に維持することを目的に営まれている農法である。これはかつてのコウノトリを食物連鎖の頂点とした生態系を復元するために、営巣地に広がる水田地帯の採餌環境を整備する農法である。特に、コウノトリが滅びた原因を当時盛んに使用された有機水銀農薬による中毒死に求めているため、天然資材使用の発想が浸透し、無化学肥料無農薬栽培や低魚毒性農薬による減農薬栽培が展開されている。1965年に死亡した3羽のコウノトリの腎臓、肝臓から高濃度の水銀が検出されたことがその根拠となっている。兵庫県立農林水産技術センターでは、この地域での実態調査をはじめとして、育む農法の最終到達点である無農薬栽培水田の収量と米の品質の安定化に必要な技術開発を行っているので、ここで得られた知見を中心に述べる。

【雑草発生量と収量について】

多くの農家や農業技術者は、雑草が発生した水田を見て、「これはえらいことだ」と、使用した除草剤が適切であったか、水管理が適切であったか、この後どのような除草剤を使用するべきかなどと考えるところである。しかし、これが除草剤を使うことができないほ場であったらどうであろうか。先に述べたように、いかなる手立てを加えようと、除草剤を使わない水稲栽培では、雑草の発生は回避できない。

図1は、育む農法発祥の地、豊岡市における無農薬栽培田（以下、無農薬田）、除草剤を1剤のみ使用の減農薬栽培田（以下、減農薬田）と慣行栽培田（以下、慣行田）をそれぞれ無作為に選んだ31ほ場の4年間の作柄を比較したものである。この地域では、現在でも集落ごとに無農薬栽培、減農薬栽培、慣行栽培が依然として混在している。この調査には神宮司ら（1989）の開発した1株収量予測法を用いた。調査地域を1枚の水田と仮定し、統計的手法により算出した数の調査株を無作為抽出して調査地域全体の収量構成要素や収量を判定する手法である。兵庫県の統計資料から算出した豊岡市の水稲平均単収は、2008年が52kg／a、2009年が48kg／a、2010年が51kg／a、2011年が50kg／aであるから、これらの数字と慣行田の収量を比較すると、年次間の傾向は概ね一致して

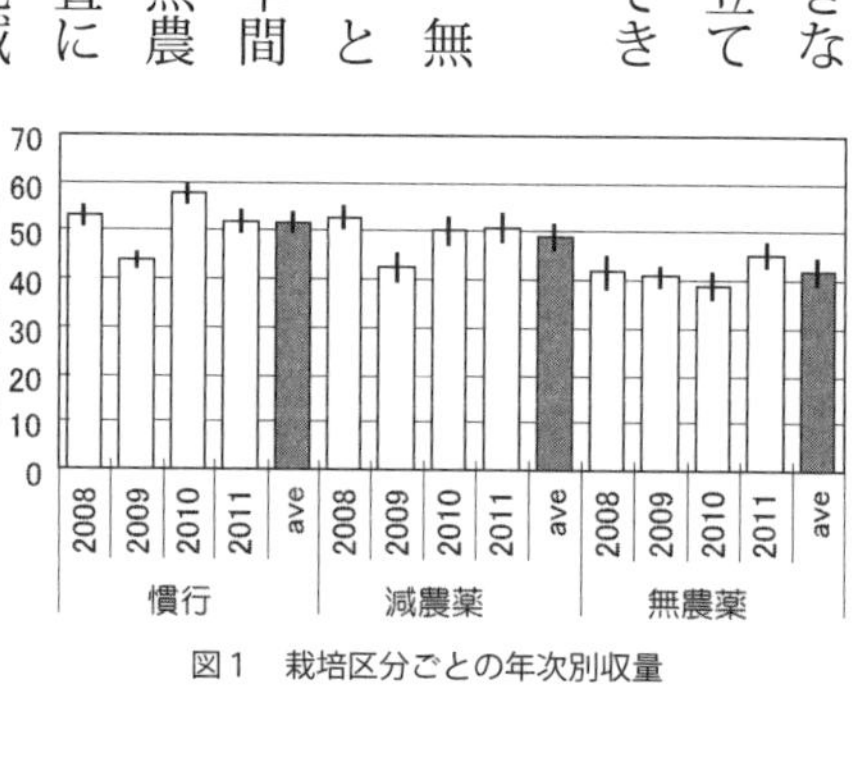

図1　栽培区分ごとの年次別収量

いるとみてよいと考えられる。ところで、農法別には、慣行田が最も収量が高いが、減農薬田の収量はそれにほぼ匹敵し、無農薬田はやや低い傾向が見られる。無農薬田は慣行田や減農薬田に比べて15～20％の減収であった。図2はそれぞれの農法の穂数について調査年次ごとに比較したものである。穂数は慣行田で最も多く、次いで減農薬田、無農薬田の順となっている。無農薬田における低収は、穂数が20％以上少ないことが原因である。これには無農薬田における雑草の発生が、茎数・穂数の増加を妨げている一因と考えられる。減農薬田でも慣行田に比較すると穂数がやや少ないが、初中期一発剤の1回散布では雑草発生が抑えられないほ場があるためだろう。近年では、地域の作柄に影響を与える病虫害の発生がなかったことから、無農薬田と慣行田における収量の差は、主に雑草発生量による茎数・穂数の差によるものと考えている。

図3は、無農薬田と減農薬田における雑草発生量と収量の関係を示したものである。育む農法は例年5月中～下旬に30日間育苗した苗を移植するため、本図調査日の7月1日は移植後40日頃

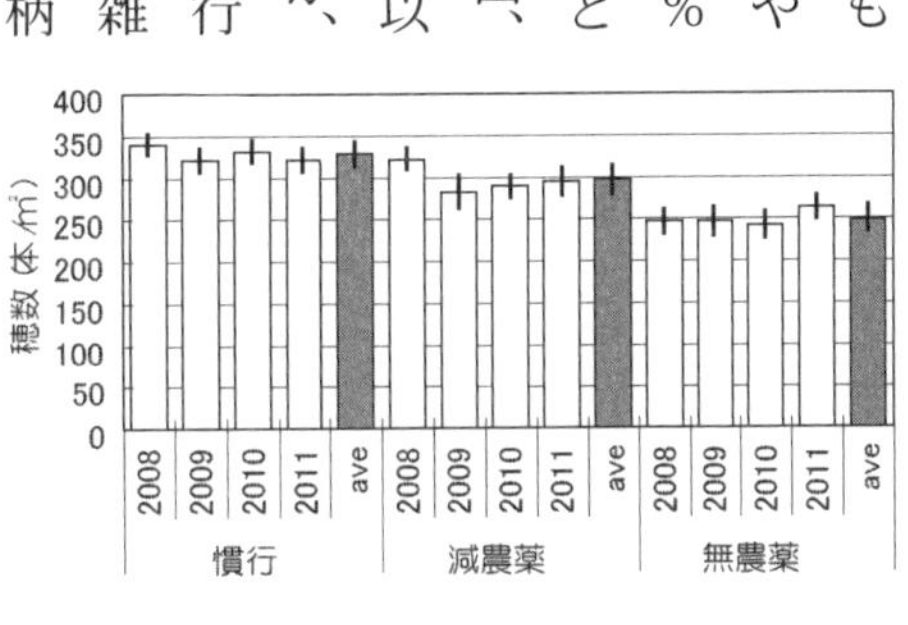

図２　栽培区分ごとの年次別穂数

で水稲の生育ステージは分げつ最盛期、8月6日は移植後70日頃、出穂期付近にあたる。当然のことではあるが、各調査時期ともに雑草乾物重が重いほど収量は低くなっている。ここで、目標収量を45kg／aとすると、7月1日で20g／㎡、8月6日で50～80g／㎡程度の雑草乾物重であれば、達成可能であることが分かる。なお、育む農法における主要雑草は、コナギとイヌホタルイであり、ノビエはあまり見られない。この要因については後述する。

雑草の乾物重は105℃24時間通風乾燥後の重量を計測しているため、通風乾燥機などの実験装置がなければ測定できない。もっぱら現場では生草重を測定することになるので、生草重との関係をおおまかに示すと、生草重は乾物重の8～10倍程度となり、移植後40日の生草重は160～200g／㎡、コシヒカリの出穂期頃で400～1600g／㎡と換算できる。

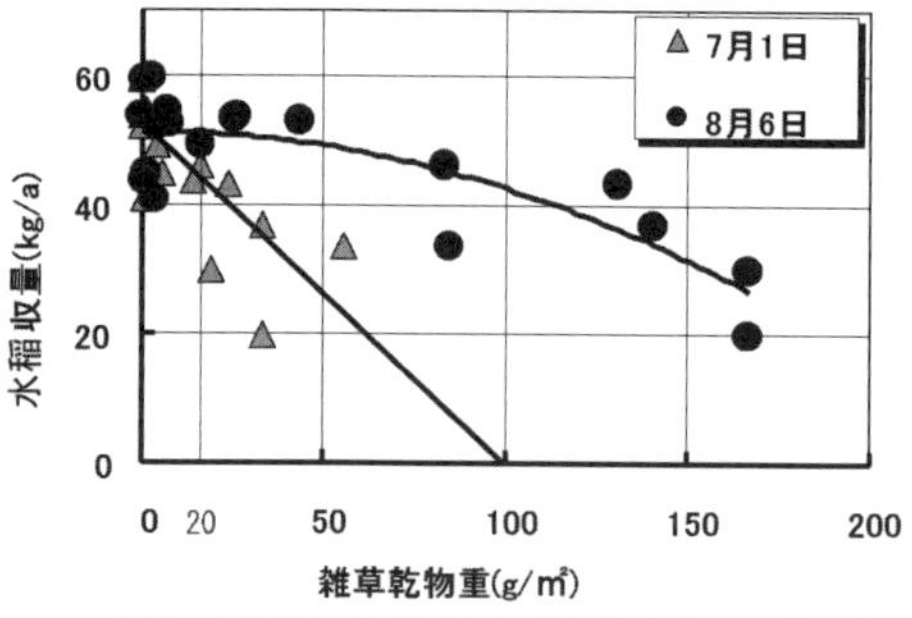

図3　無農薬田と減農薬田の雑草発生量と収量の関係

【深水管理（冬期湛水、早期湛水）による雑草防除の効果】

育む農法では、冬期または早期湛水、深水管理が要件の一つとなっている。これは、コウノトリの餌となるヤマアカガエルのオタマジャクシを保護する役割だけではなく、雑草の抑制にも一役買っている。深水管理によるノビエに対する効果は、10㎝以上の湛水深で高まることが知られている。図4は兵庫県立農林水産技術総合センター北部農業技術センター（以下、北部農技）における早期または冬期湛水田での雑草発生の様子である。2008年は試験開始年度であったため、4～5月の水深8㎝以上の早期湛水を実施し、以降は冬期湛水を実施した。

このほ場は、試験当初からコナギが優占種で、イヌホタルイがわずかに残る程度であったが、2011年に水管理に失敗し、やや浅水となったところ、ノビエが優占種となった。このことから、もともとノビエ種子が少なかったわけではなく、試験開始後3年間、深水管理でノビエが抑制され、コナギが優占種となっていたことが分かる。

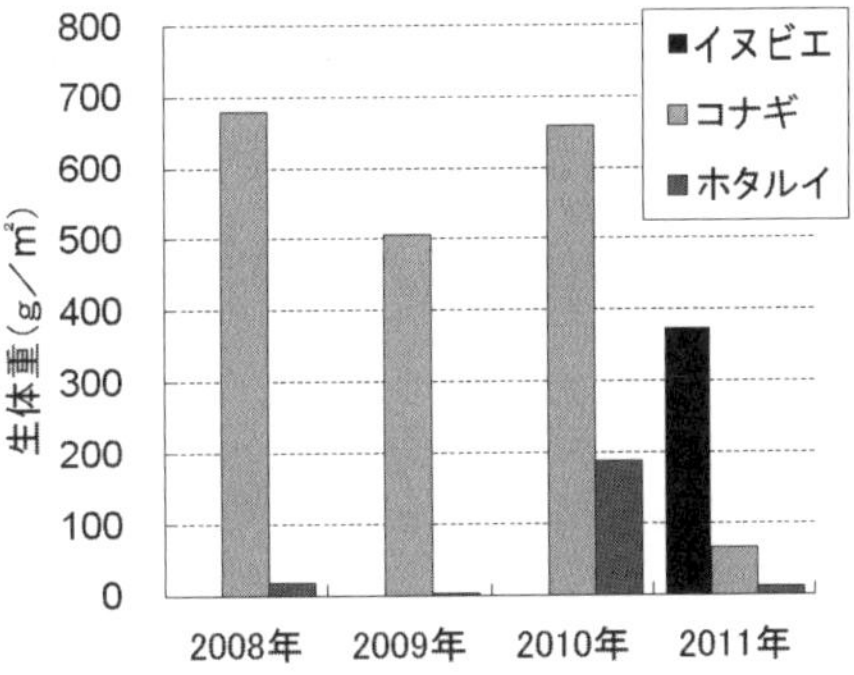

図4　深水管理における水稲収穫時雑草発生量

ところで、冬期湛水を継続していると、田面に「トロトロ層」なるものが形成される。これは、嫌気状態で大量に発生するイトミミズ類（*Tubificidae*）の糞塊であるとされている。実際、水槽に土塊とイトミミズ類を入れ、水を張って観察してみると、トロトロ層が蓄積していく様子が観察できる。２０１２年12月13日～２０１３年２月６日の55日間の観察によると、10～30㎜のトロトロ層の形成が確認されていた。土層にはイトミミズ類の活動域である細い管状の巣穴が確認できる。

イトミミズ類は土中の未熟有機物を摂取し、糞塊として土壌表面に排出する。その糞塊が蓄積し、トロトロ層を形成する。雑草種子は、糞塊に埋没し、発芽困難な状態になると考えられている。そのため、雑草抑制のためには、土層を壊さないため、ほ場作業を最小限に留める必要があるとも考えられるが、育む農法では、抑草のためには4月に1度代掻きを行い、およそ1か月後に2度目の代掻きを施すのがよいとされている。代掻きとは水田の均平作業のことで、水を張り、土壌を攪拌することで漏水を抑制することを目的とした作業のことである。4月に2度目の代掻きを施すことにより、冬期湛水により埋没したコナギの発芽を促進した上で、2回目の代掻きにより芽生えたばかりの植物体を浮上させ、枯殺するという考えである。実際の栽培では、代掻きの他、田植え作業もあり、ほ場に立ち入るため、代掻きを実施しないからといって雑草発生を抑制することはできない。北部農技で実施した調査においても、1㎡あたりのコナギの発生量（移植後40日の生草重）は、2回代掻き田で332g／㎡に対し、無代掻き田で711g／㎡となり、むしろ増加した。無代掻き田では、発生数はほとんど変わらない上に、2回代掻き田より成長が進んでいたため、発生量としてさらに数値が大きくなったと考えられる。

図5に現地ほ場におけるイトミミズ類と雑草発生量の関係を示す。ここでは、イトミミズ類は6月が最も多量に採取できるので、その数値を採用している。図中円で囲まれたプロット（ほ場）をもともと雑草種子が少ないほ場であったと考えると、イトミミズ類が多いほ場では雑草が少ないことがうかがえる。また、イトミミズ類の大量発生ほ場では、しばしばコロニーが形成される。育む農法のほ場で確認されているものは主にイトミミズ科ユリミミズ（*Limnodrilus socialis*）と考えられる。

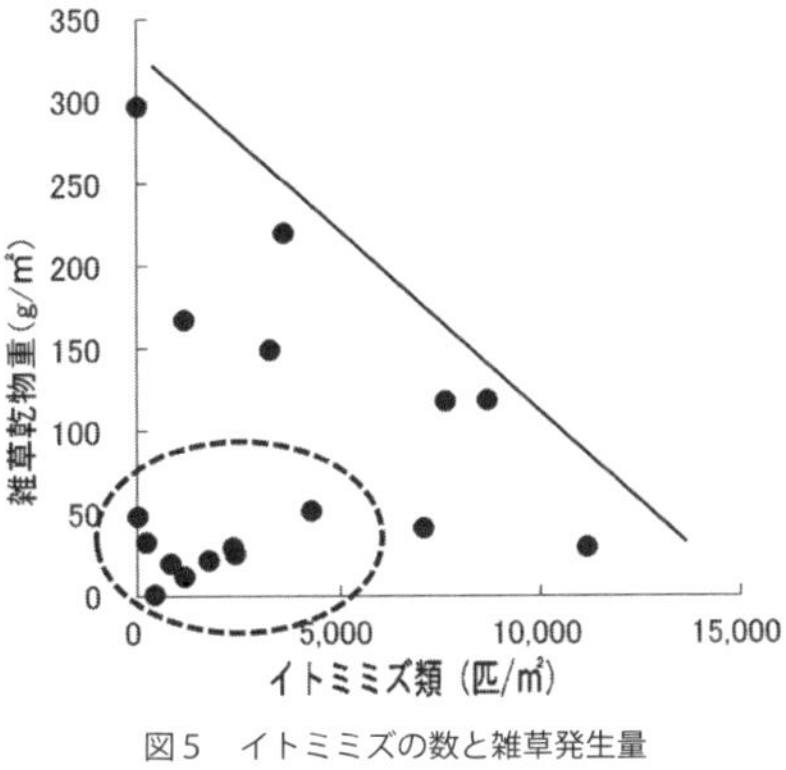

図5　イトミミズの数と雑草発生量

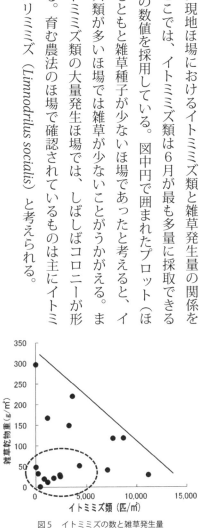

【天然抑草資材】

除草剤を使わない水稲栽培では、先駆的事例として、合鴨農法、紙マルチ栽培などがある。合鴨農法は但馬地域では比較的よく見られる農法である。紙マルチ栽培は再生紙のコストが高いため、兵庫県では広く普及していない。

ここでは、これら以外に筆者らが除草剤の代替資材として考えられる資材について調査したものについて述べる。

先に説明した冬期湛水、早期湛水は、水利慣行により、どの地域でも実施できる技術ではない。特に、ため池による灌漑地域では、事実上、給水開始時期と終了時期により田植え時期・収穫時期が決められてしまうため、これらの技術は実施不可能となる場合がある。そこで、冬期湛水・早期湛水によらない雑草抑制技術を完成させることが除草剤代替技術として重要である。

筆者らは、2013年から利用可能な資材の検索を実施している。現在、一般的によく知られている抑草資材である米ぬかのほか、HYS保田ぼかし、竹微粉末、墨汁、小麦粉、ヘアリーベッチの効果を調査している。墨汁、竹微粉末は水中への光の遮断、他の資材は、これに加えて、土壌の還元化による雑草抑制が期待できる。また、ヘアリーベッチはシアナミドによるアレロパシー作用も期待できるようである。

図6に抑草資材と雑草発生量を示す。全区に基肥のみ鶏糞（窒素4.1％）を1aあたり15kg施用している。中間調査を7月3日（移植後40日）、最終調査を収穫時（9月上旬）に行っている。中間調査時の雑草発生量は除草剤（テフリルトリオン・オキサジクロメホン混合剤）区やヘアリーベッチ区は安定収量確保の目安である雑草乾物重が20g／㎡以下であったが、その他の資材はそれ以上であった。また、各区でノビエの発生が見られているのは深水栽培を実施しなかったためと考えられた。なお、最終調査では、草種別に分類できず、雑草全重になってしまったことをお許しいただきたい。竹粉については、施用当初に期待された懸濁効果もまったくなかった。竹粉の粒径が大きかったためにすぐに沈殿してしまったことが原因と考えられる。

次に図6を元に、抑草資材各区の状況について述べる。除草剤区では、難防除多年生雑草のクログワイがわずかに残草していた。

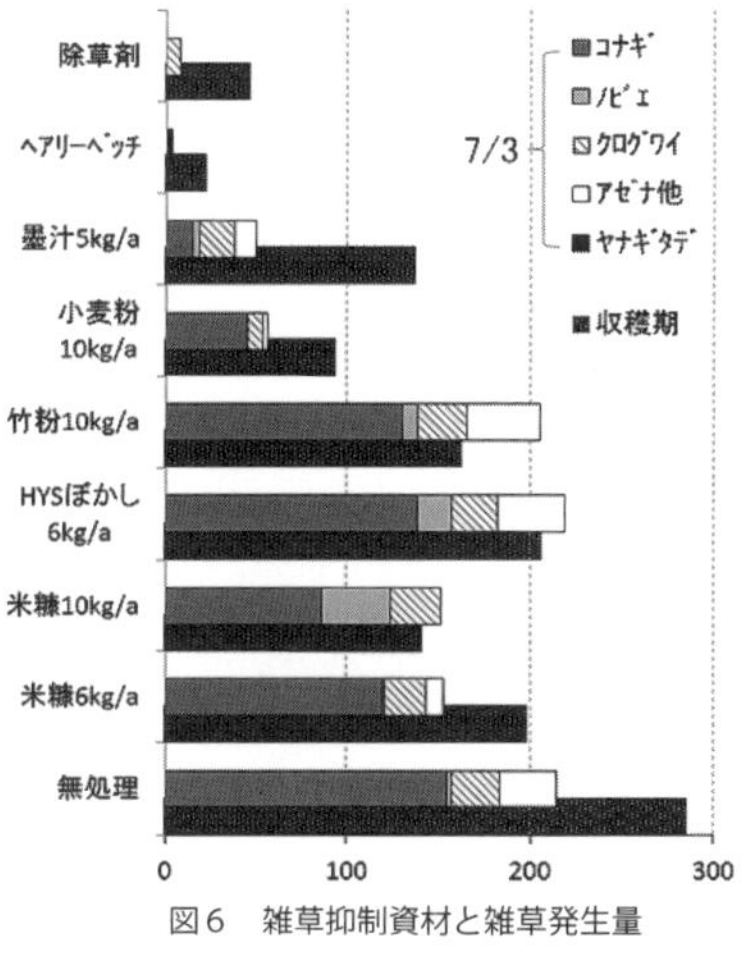

図6　雑草抑制資材と雑草発生量

ヘアリーベッチ

ヘアリーベッチは前年11月に播種し、4月上旬に刈り取って残置し、その直後から14日間湛水、そのまま無代掻きで田植えを行った。ヘアリーベッチの1aあたり地上部生草重は140kgであった。ヘアリーベッチ区では、ヤナギタデ以外の雑草はほとんどなかった。7月3日調査時より収穫期で雑草量は増えているが、除草剤区より増加量は少ない。除草剤区との草種の差異によるものと考えられる。この試験の中では最も順調に水稲が生育したが、収穫前の台風により全面倒伏し、低収に終わった。ヘアリーベッチは緑肥の効果も高いため、コシヒカリのような倒伏に弱い品種を栽培するときにはこの点にも注意する必要がある。

墨汁

墨汁5kg／a施用区では、墨汁投入時には水面が黒く染まり、およそ10日その状態が続いた。その後、アオウキクサが繁茂し、田面を覆ったが、7月には消滅し、水中に光が差すようになった。そのため、中間調査時には雑草総重量（乾物重）50g／㎡と、初期にはまずまずの抑制効果が認められたものの、最終調査時には141g／㎡と大幅に増加してしまった。墨汁は、雑草の初期発生抑制には効果が高いが、持続性に問題がある。また、コスト的な問題もある。

小麦粉

小麦粉は、初期の抑草効果は高いが水稲に対する還元害も著しく、一定の雑草の発生抑制効果は得られたが、水稲の安定収量には結びつかなかった。今回施用した10kg／aという施用量を再考する必要がある。

米ぬか

最も一般的に用いられている抑草資材が米ぬかであろう。1aあたり精玄米重収量が60kgとして、米ぬかは6kg生産される。「田で穫れたものを田に返す」という意味では6kg施用が望ましいが、雑草抑制にはやや不足気味と考えられている。そこで、10kg／a区を設置し、比較してみた。結果、雑草の抑制には差が見られなかったが、水稲の精玄米収量で差がみられた。総じて、無処理区に比べると抑草効果はあるが、その効果は高くないと考えられる。

HYS保田ぼかし

HYS保田ぼかしは、神戸大学名誉教授保田茂博士が考案し、推奨している有機資材である。HYS保田ぼかしは「兵庫県と保田茂」の略称だそうで、商標登録されている。

米ぬか、なたね油粕、魚粉、カキがら石灰、水を容積比でそれぞれ6対3対2対1対2を混合し、14〜30日間、密封状態で嫌気発酵させた資材である。窒素はおよそ3%含まれている。嫌気発酵のため、乳酸菌などの嫌気性発酵菌が豊富に含まれている。今回の調査では、抑草資材としての効果は大きくなかった。しかし、成功している事例もあるため、資材作成時や栽培時にコツがあるのかもしれない。図7は、HYS保田ぼかし投入後、田が赤くなり、土中から気体が発生した痕が見つかった水田の様子である。このほ場は冬期湛水との組み合わせで、7月上旬の雑草乾物重を23g/㎡に抑制することができた。

図7　HYS保田ぼかし施用田　上:施用後7日後の田面
下:土中から気体が発生した痕跡

【天然抑草資材に対する考え方の整理】

天然抑草資材は、除草を目的に開発された除草剤に比べて取り扱いが難しい。同じように施用したつもりでも、効果が高い場合と低い場合がある。資材の効果は、成分のロット間変動や施用時期、水温などに左右されるからである。

天然抑草資材を使用するにあたっては、極力深水管理を併用することが望ましい。ノビエの抑草には確実な効果が得られるからである。また、本稿で紹介した「移植後40日後に雑草乾物重20g／㎡以下」は、後期除草剤使用の要否の目安と考えていただきたい。この時期には雑草の生育が進んでいるため、すでに機械除草は困難である。

筆者は、天然抑草資材の施用を本田期間初期の抑草法と位置付け、以降は機械除草との組み合わせによって、「雑草乾物重20g／㎡以下」を目標に、移植後40日までの抑草環境を維持していくべきであると考えている。

（4）水田の生物多様性を求めて

戸田一也

【水田の多様な生物とその役割】

コウノトリ育む農法は、農薬使用の制限と水管理の工夫によってコウノトリのエサとなる水田の生き物を確保することを目的とした農法である。慣行栽培の水管理を見直して冬季あるいは早春から水田に水を溜めることでイトミミズ類の繁殖を促し、その結果として形成されるトロトロ層によって雑草の発生を抑制する狙いがある。

また、化学農薬の使用を抑えることで水田内の生物相が豊かになり、天敵などをはじめとする自然生態系の活用で害虫の被害抑制効果も期待できる。生態系の中でカエル類やクモ類は、ウンカ類やヨコバイ類とともに、益虫でも害虫でもない、いわゆる「ただの虫」も捕食する。「ただの虫」は害虫の天敵であるカエル類やクモ類の生息にとっても重要である。水田の生物多様性の維持は、化学農薬に依存しない害虫被害の軽減を期待している。

【生き物調査の効果と必要性】

水稲の有機農業には、除草用動物を人為的にコントロールして生産性を確保するなどの方法もあり、生態系の活用程度は各農法によって大きく異なる。「コウノトリ育む農法」は、自然生態系の活用度合いが非常に高い農法で、コウノトリをシンボルとし、コウノトリの生活の場である水田の餌生物を確保を目的とした農法である。このため、慣行農法から「コウノトリ育む農法」に転換した場合、水田の生態系や多様性が具体的にどう変化し、コウノトリの生息にどう寄与しているのかを明らかにする必要がある。

このことを目的に「水田の生き物調査」を実施するが、生き物調査によって次の効果が期待できる。

①害虫や雑草の発生程度、天敵などの生息状況を把握することで、水田の水管理など導入した技術体系の検討や評価が可能となる。

②コウノトリ育む農法の水田に多様な生物が生息していることを情報発信することによって消費者への理解促進や交流活動を進めることにつながる。

③水田の生き物全般を調査することによって、食物連鎖など、自然生態系の活力を活かした農業

の理解を深めることができ、地域の子供たちなども含めた地域住民の農業理解の促進につながる。
④地域の生態系は、水田だけでなく、水辺、湿地、森林、林縁、草原など地域の多様な環境を好む生物で成り立っている。生物の種類と自然環境の多様性は大きく関連しており、生物の多様性を維持し高めていくため、地域の水田周辺の自然環境の見直しにつながる。

【生き物調査の方法と結果】

水田に生息する多くの生物種のうちどの種をどのような方法で調査するか、農家が実施可能で水田の生物多様性を評価できる調査はどの方法がよいか、生き物調査の具体的な手法は確立していなかった。

兵庫県立農林水産技術総合センターでは、作物・雑草、土壌・肥料、病害虫の担当者がコウノトリ育む農法支援チームを結成し、同農法を特徴付けている「生き物」を明らかにする目的で、2008年から2011年の4年間に豊岡市、朝来市、養父市のコウノトリ育む農法を無農薬タイプ、減農薬タイプ、さらに慣行栽培タイプに分けて、複数の現地ほ場で各種の生き物を調査した。

調査対象生物は、一般的な水稲の害虫をはじめ、コウノトリの餌生物で多くの水田で確認でき水管理に密接な関係があるカエル類、農薬を制限することによって増加が期待される天敵のうち、クモ類とトンボ類など、そして抑草で期待されるイトミミズ類を調査の中心とし、調査対象生物の個体数の推移を各栽培タイプごとに検討した。

生き物調査の結果

２００８年は無農薬タイプを5ほ場、減農薬タイプ3ほ場、慣行栽培1ほ場、２００９年は無農薬タイプ6ほ場、減農薬タイプ6ほ場、慣行栽培5ほ場、２０１０年は無農薬タイプ8ほ場、減農薬タイプ6ほ場、慣行栽培4ほ場、２０１１年は無農薬タイプ8ほ場（カエル類の調査は14ほ場）、減農薬タイプ2ほ場、慣行栽培4ほ場で調査した。その調査結果を以下に示す。

①カエル類

主にトノサマガエル、アマガエル、山裾の水田にはアカガエルが確認できた。いずれの調査年でも畦畔で確認できるカエル類の個体数は、無農薬、減農薬、慣行の順で多い傾向であった。２００８～２０１０年の調査では、7月上旬（調査日：7月1日～7月7日）がピークで、２０１１年の調査では6月末にピークとなり以降減少した。種類別では２０１１年の調査でアマガエルが6月中旬に、その後トノサマガエルが6月末に大きな発生ピークを迎え、トノサマガエルの方が成体への変態の時期はやや遅いことが明らかとなった。マルチトープ、畦シートを設置している無農薬ほ場のカエル類は、マルチトープ隣接畦畔、通常畦畔、畦シート設置畦畔の順に多かった。マルチトープ畦畔でトノサマガエル数が多いのは、幼生（オタマジャクシ）の棲息場所の確保が大きく寄与している。また、中干し後も個体数の維持に効果が高いと考えられる。また、畦シートの設置はトノサマガエルの畦畔への移動を妨げていると考えられる。

コウノトリの重要な餌のトノサマガエルの個体数を確保するためには、トノサマガエルのオタマジャクシが出脚して成体になってから、水田から水を落とす「中干し作業」を実施する必要がある。トノサマガエルの出脚する変態のピークの時期は、4か年の調査で6月末〜7月上旬だったが、ほ場条件や年次変動などによってある程度の幅があると考えられる。

現在、コウノトリ育む農法に取り組む場合には、6月末の生き物調査においてトノサマガエルの出脚を確認してから中干しを実施するよう現地で指導されている。

②クモ類

徘徊性クモは払い落とし調査、造網性クモはすくい取り調査によって主に確認することができた。徘徊性クモは、コモリグモ科（キバラコモリグモなど）、ハエトリグモ科（オスクロハエトリグモなど）、フクログモ科（オトヒメグモなど）、カニグモ科（ハナグモなど）などが、造網性クモは、アシナガグモ科（ヤサガタアシナガグモなど）、コガネグモ科（ドヨウオニグモなど）、サラグモ科（セスジアカムネグモなど）などが確認された。クモ類の個体数は、7月までは確認できる固体数が少ないため農法による差は明瞭でなかったが、8月以降に増加して慣行・減農薬・無農薬の順に多くなる傾向が認められた。ただ、調査で確認できる個体は、多くが幼体であるため種類の特定や科の判定も実際は困難である。水田の代表的なクモで確認しやすく害虫の密度抑制に重要なものは、徘徊性クモ類ではコモリグモ科、造網性クモ類ではアシナガグモ科のクモである。

③イトミミズ類

イトミミズ類の生息数は、無農薬・減農薬に比較して、慣行では極端に少ない。また、減農薬より無農薬が多くなる傾向だが、減農薬でも冬期湛水を実施したほ場は多い。また、抑草に働くことが考えられるイトミミズ類と残草量の関係では、6月のイトミミズ類の量と7月の残草量にその傾向が認められる。ただし、年次変動やほ場により必ずしも一致しない。調査ではイトミミズが土中に潜ってしまうため採取を素早くする必要がある。

④トンボ類

トンボ類は、慣行で大きく数が減少した。慣行栽培では、殺虫剤の影響を受けている可能性がある。イトトンボ類ではアジアイトトンボが、トンボ類ではシオカラトンボが主な種類であった。

⑤アメンボ類

アメンボ類は、水稲の草丈が低く田面水が確認できる7月上旬には無農薬、減農薬で確認できたが、慣行栽培のほ場では確認できなかった。8月以降、稲株が大きくなったため畦畔からはアメンボ類を確認することはできなかった。

⑥その他の昆虫

コウチュウ目ではヒメカメノコテントウ、クロヘリヒメテントウ、チビゲンゴロウなどが、アメンボ類以外の水生のカメムシ目ではミズカマキリ、タイコウチ、コオイムシ、マツモムシが無農薬、減農薬のほ場で多い傾向であった。慣行ではこれらの昆虫の種類や個体数ともに少なかったが、貝類は慣行栽培で多い傾向であった。

【生き物調査による水田の生物多様性の評価】

農林水産省農林水産技術会議は２０１２年に「農業に有用な生物多様性の指標生物調査・評価マニュアル」を発行し、全国を６地域に区分し水田と畑地・樹園地での指標生物の調査・評価方法を公表している。このマニュアルは、独立行政法人農業環境技術研究所と独立行政法人農業生物資源研究所がプロジェクト研究の中心となって、独立行政法人や道県立試験研究機関、大学が共同で研究し取りまとめたものである。兵庫県立農林水産技術総合センターの研究員もこのプロジェクトに参画し、コウノトリ育む農法支援チームの調査結果を活用して近畿地域の水田の指標生物を担当した。農林水産技術会議が発行したマニュアルの近畿地域の水田の指標生物は、アシナガグモ類、コモリグモ類、イトトンボ類成虫、ダルマガエル類、水生コウチュウ類の５種が指標生物である。そして各指標生物を定められた方法で調査した結果にスコアを付け、累積スコアによってほ場の生物多様性を評価することが提案されている。

但馬地域のコウノトリ育む農法の生物多様性評価は、本マニュアルの指標生物を若干変更した。指標生物は、コウノトリ育む農法の特徴で抑草効果を期待するイトミミズ類を加えて６種とし、ダルマガエル類を但馬地域で普通に見られるトノサマガエルに固定した。さらに各生物を表１のようにスコア化し、表２のように多様性クラスを区分してコウノトリ育む農法の水田の生物多様性を評価する手法を開発した。

この評価方法によってコウノトリ育む農法の生物多様性を評価したものが表３である。慣行農法では「生き物の多様性クラス」は全てが「Ｃ」クラスで生物多様性が低いのに対し、コウノトリ育む農法に取り組んでいるほ場では「Ｃ」クラスがなく、「Ｓ」、「Ａ」クラスが多くなっており、コウノトリ育む農法の実践によって生物多様性が高くなっていることがうかがえた。

この評価手法を用いることでコウノトリ育む農法による生物多様性を数的に評価し、その評価結果によって本農法が豊かな生物多様性に貢献していることを発信できると考え、２０１２年３月に兵庫県立農林水産技術総合センターの開発技術として発表した。

表1 指標生物の種類と調査方法及びスコア

<table>
<tr><th>指標生物</th><th>調査方法</th><th>単　　位</th><th>調査時期</th><th>個体数</th><th>スコア</th></tr>
<tr><td rowspan="3">イトミミズ類</td><td rowspan="3">球根堀り器による掘り取り</td><td rowspan="3">50cm²×5cm×3か所の平均個体数</td><td rowspan="3">6月末～7月初め</td><td>10 未満</td><td>0</td></tr>
<tr><td>10 ～ 30</td><td>1</td></tr>
<tr><td>30 以上</td><td>2</td></tr>
<tr><td rowspan="3">アシナガグモ類</td><td rowspan="3">捕虫網によるすくい取り</td><td rowspan="3">20回振り×2か所の合計個体数</td><td rowspan="3">8月中旬以降</td><td>5 未満</td><td>0</td></tr>
<tr><td>5 ～ 15</td><td>1</td></tr>
<tr><td>15 以上</td><td>2</td></tr>
<tr><td rowspan="3">コモリグモ類</td><td rowspan="3">イネ株見取り</td><td rowspan="3">イネ株5株×4か所の合計個体数</td><td rowspan="3">8月中旬以降</td><td>2 未満</td><td>0</td></tr>
<tr><td>2 ～ 4</td><td>1</td></tr>
<tr><td>4 以上</td><td>2</td></tr>
<tr><td rowspan="3">イトトンボ類成虫</td><td rowspan="3">畦畔ぎわ見取り</td><td rowspan="3">畦畔ぎわ10m×4か所の合計個体数</td><td rowspan="3">8月初め</td><td>1 未満</td><td>0</td></tr>
<tr><td>1 ～ 2</td><td>1</td></tr>
<tr><td>2 以上</td><td>2</td></tr>
<tr><td rowspan="3">トノサマガエル</td><td rowspan="3">畦畔見取り</td><td rowspan="3">畦畔10m×4か所の合計個体数</td><td rowspan="3">6月末～7月初め</td><td>3 未満</td><td>0</td></tr>
<tr><td>3 ～ 10</td><td>1</td></tr>
<tr><td>10 以上</td><td>2</td></tr>
<tr><td rowspan="3">水生コウチュウ類</td><td rowspan="3">D字網による水中すくい取り</td><td rowspan="3">畦畔ぎわ5m×4か所の合計個体数</td><td rowspan="3">6月末～7月初め</td><td>1 未満</td><td>0</td></tr>
<tr><td>1 ～ 3</td><td>1</td></tr>
<tr><td>3 以上</td><td>2</td></tr>
</table>

注）水生コウチュウ類とは、ガムシ類、ゲンゴロウ類など。

表2 スコア得点と多様性クラス

スコア得点	多様性クラス	生 物 多 様 性 評 価
8 以上	S	生物多様性が非常に高い。取り組みの継続が望ましい
6 ～ 8	A	生物多様性が高い。取り組みの継続が望ましい
4 ～ 6	B	生物多様性がやや低い。取り組みの改善が必要
4 未満	C	生物多様性が低い。取り組みの改善が必要

表3 コウノトリ育む農法と慣行農業での
多様性クラス別ほ場数（2011年度）

多様性クラス	コウノトリ育む農法	慣行農業
S	2	0
A	6	0
B	3	0
C	0	5

【現地での生き物調査の実施】

現地では、コウノトリ育む農法の要件に「生き物調査」を位置付けており、２０１２年から6月26日を「生き物調査の日」と決めて農業者がこの調査方法によって畦畔のカエル類の調査をし、トノサマガエルの四脚の出脚が認められれば中干しを開始、あるいは出脚個体が少ない場合は中干しを延期するなど各農家の水稲の水管理に活用している。また、農協に提出する生産履歴書にはカエル類の調査結果を記載する欄が設けられている。多様性のクラス区分をするには、多くの調査が必要であり、関係機関やリーダー的な農業者による詳細調査を実施して多様性を評価している。

今後、コウノトリ育む農法の取り組みによって水田の生物多様性が豊かになっていることをさらに広く発信して、より多くの人にコウノトリ育む農法のお米が支持されるよう願っている。

出脚したトノサマガエル（6月２８日）

【多様性の維持・確保のための今後の課題】

地域での多様な水田利用

現地で調査をしている人から「集落全体の水田がコウノトリ育む農法ばかりだとトノサマガエルが少ない」という声を聞くことがあった。

原因の一つに考えられるのは、畦シートで、高い畦シートを設置するとオタマジャクシから出脚したカエルにとっては畦畔への移動の障害物となり、畦シートのある畦畔では確認できる個体数が実際の生息数より少な目になるように感じる。ただ、冬季湛水の期間に田面水の波による畦畔の侵食が発生するので、面積の大きな水田では畦畔保護のため、畦シートの設置は農家にとって重要である。

もう一つは、越冬場所である。カエル類は土中で越冬するが、湛水状態にした水田では肺呼吸するカエルの成体は越冬できない。越冬する場所は、畦畔や畑状態の田などの土中である。ある地域の全ての水田を冬季湛水するとトノサマガエルの越冬場所は畦畔など限られたものとなる。冬眠に入る前に耕うんした畑地状態の水田は、カエル類の越冬にとっては好都合である。カエルたちにとって湛水にした田んぼだけの地域より転作で大豆を栽培している畑地などがあれば居心地は良いかもしれない。

また、外来種ではあるが抑草に効果のあるカブトエビは、本来は乾燥地帯の生物なので、卵の孵化には一定期間の乾燥条件が必要となり、前作が畑作などの場合に発生が多くなる。

今後の生き物調査では、周辺の土地利用や輪作体系の違いによる生物多様性の変化も検証する必要があると考える。

水田の雑草

水稲の有機栽培で大きな課題は、雑草の発生による収量の低下である。ただし、水田の生物多様性を豊かにするには、雑草も大切な要素となる。代表的な例としてゲンゴロウと水田雑草の関係がある。ゲンゴロウは兵庫県でもかなり少なくなっている種だが、ゲンゴロウの産卵床にオモダカやコナギなどの水田雑草が適しており、水田でゲンゴロウが繁殖するには、これらの水田雑草が不可欠な存在である。

生物多様性を意識した有機農業では、困り者の水田雑草もある程度は許容していきたい。雑草に負けない水稲栽培を目指して、成苗移植の拡大など新たな取り組みが現地で始まっている。

（5）魚道の整備など生物多様性促進技術

青田和彦

【農業農村整備事業の取組状況】

基盤整備とその弊害

農村は、生産活動を通した県土保全や水源涵養、美しい景観の形成、文化の継承といった多面的機能を発揮している。その豊かな環境を保全するとともに、生産性向上や農業経営の効率化を図るため、兵庫県では、1949年の土地改良法の施行以来、多様な地域特性に応じた土地改良事業に取り組んできた。20世紀の農業農村整備事業は、戦後食料増産のための開拓、ダム・幹線用水路をはじめとするかんがい排水、農地開発事業に始まり、その後、労働生産性向上に向けてのほ場整備、農道整備などが総合的に進められた。

かつての素掘水路では、水流が悪く泥上げ、草刈りなどの管理作業に農作業の手間が取られていたため、水路のコンクリート化、パイプライン化を進めていった。また、水田は、ほ場整備により大型機械による営農が可能となるよう大区画化を図り、田畑輪換が可能となるよう用水路と排水路を分離し、さらに排水路を田面より低く設置するのが標準的な工事方法となっていた。その結果、機械化が促進され、営農は省力化することができ、農業生産性の向上など、農業構造の改善に大きく寄与し、時代に即した社会的効果が得られた。

このように農業生産の向上が図られたが、一方では乾田化や省力化のため、水のネットワークが分断されたことや、水路のコンクリート化に伴い、生物の生息環境が悪化していったことも事実である。

環境配慮の取り組み

公共事業のあり方や良好な環境に対する国民の関心が高まる中で、農業農村整備事業が、農地の面的な整備や農業水利施設の建設など環境に人為による作用を加えるものであり、事業実施区域及びその周囲の環境に対して一定の負荷を与えるものであることから、事業実施にあたって、環境に適合するよう配慮していく必要が生じた。

このような状況に対応するため、２００１年6月の土地改良法改正（２００２年4月1日施行）において、農業農村整備事業の実施にあたっての原則に「環境との調和に配慮すること」を位置付けるべく改正（法第2条）された。

兵庫県（以下、本県）においては、２００４年に農業土木、農村環境、動植物などの学識経験者による農業農村整備環境配慮検討委員会を設けた。そして事業計画策定に際して、①環境配慮の手法（人と自然の共生の視点、動植物の生息空間としての視点）、②工法の妥当性（生産性向上の確保・農業土木の視点）、③費用負担・維持管理・営農（農家・施設管理の視点）などから検討を加え、環境との調和に配慮した事業の推進に努めてきた。

生産性を追い求めるだけでなく、自然に優しい農法とともに、人間をはじめとする生物に優しい環境づくりを進めていくこととしている。

【コウノトリのためのエサ場の再生】

コウノトリ野生復帰

土地改良法の改正と時期を同じくして、但馬地域では、２００３年３月に「コウノトリ野生復帰推進計画」が策定された。

かつての但馬地域は、豊かな自然に恵まれ数十羽のコウノトリが大空を舞い、川や田んぼでエサを啄み、松の木の上に巣を作っている姿が見られていたが、１９６７年に野生最後のコウノトリが豊岡の地を最後にして姿を消した。

その後、本県と豊岡市の地道な保護、増殖活動が続けられ、1999年に県立コウノトリの郷公園が開設され、100羽を超える個体数まで飼育されるようになった。2003年には住民、団体、学識経験者、行政で構成する「コウノトリ野生復帰推進連絡協議会」が発足し、官民挙げての取り組みが積極的に行われている。そして、2005年9月のコウノトリの試験放鳥以来、農地や河川でコウノトリを見かけることが日常の風景になりつつある。

「コウノトリが棲める農業農村環境を作ることは、人類にとっても安全・安心な環境となる」を理念として、協議会が作成した「コウノトリ野生復帰推進計画」に取り組み、「コウノトリが生息する環境整備の推進」を主に実現していくことを目的に、県では、農林水産振興事務所、農業改良普及センター、土地改良センター職員により「コウノトリプロジェクトチーム」を設置し、各種施策を展開していくこととなった。

コウノトリのエサ場の確保

コウノトリが自然の中で生きていくためには、エサとなる小魚や虫が多く必要となる。コウノトリは極めて不器用な鳥であり、水深20㎝程度の浅瀬にいるエサが特に重要である。1970年頃までの豊岡の水田は「じるた」と呼ばれ、1年中水が張られており、コウノトリの絶好のエサ場であった。その「じるた」は水を張らないようになり、河川・水路もコンクリートで固められた。また、田んぼに撒かれた農薬も悪影響を及ぼしていた。

田んぼは、コウノトリのエサ場となり得る最も広いフィールドであり、生き物がたくさん棲める水田環境整備が課題となった。水田を取り巻く農業用水路では何ができるのか、そのフィールドを所管する土地改良センターは、事務所を挙げて「何をなすべきか」を考えることになった。

水循環の再構築

従来の農業農村整備事業の弊害として起きた水のネットワークの分断や水路における生物環境の悪化に対して、どう改善対策をとっていくのか。各流域における水量・水質・自然環境の保全のため、農業水利の持つ機能を維持しつつ、環境的機能を増進し、健全な水循環を再構築させていくことが重要となることを認識した。

【ハード整備における生物多様性促進技術】

取り組みの経緯

農業生産の基盤整備を担う土地改良センターとして検討したことは、①常時、水生生物が生息できる「生態系保全型水路」の設置、②ほ場の排水路と水田とを魚類が上り下りできる「水田魚道」の設置、③田んぼの中干しなどの落水時に魚・オタマジャクシなどの水生生物が避難できる場所として、水田横に溝を設け「生き物避難場所」を確保する、などの取り組みであった。

「コウノトリプロジェクトチーム」の構成員であった当時の担当課長は、部下に言った。

「何でもいいから、考えてみよう、やってみよう！」「生態系保全水路や水田魚道の設置などは、

表-1　豊岡管内における水田での環境配慮の取り組み

項目	具体的内容
①生態系保全型水路の設置	・水路底を計画よりも深くし底に土砂を投入し、整備前の水路底を復元。 ・水路幅を部分的に広げて魚巣等を設置し、生き物の棲家を作る。 ・水路内に部分的に深みを設け、水位低下したときの逃げ場を作る。 ・水路の中心線をずらしたり、捨石を設置し、水流によどみを作る。 ・カエルなどの生き物が水路からはい出せるようスロープを設置。
②水田魚道の設置	・学識経験者の意見を参考にして、いろいろな形状の４タイプを設置。 （コンクリート水路＋木製スロープ） （波付ポリエチレンU字溝） （波付ポリエチレン暗渠管） （コンクリート水路＋ハーフコーン） ・水路勾配は10～15％までが望ましく、魚類は十分遡上することを確証し、管理強化のため、水路に蓋掛け（グレーチング）を設置する。 ・重要なポイントは、遡上口から水田に入れるかどうか。通常の板セキでは微妙な水位調整が難しいため、改良型板セキを何度も試作する。
③生き物の避難場所の設置	・水田の一部を掘り、中干し時に水田が干し上がっても生き物が一時避難できる場所を確保し、再び灌水すれば水田に戻って行ける逃げ場所を確保する。

どこもやっていない取り組みであり、正解はない。より良いものを我々で見つけ出そう！」と前例のない取り組みが始まった。しかし、公費を使う以上は、各種マニュアルやこれまでの慣例を元に対策を考えるのが従来の手法であり、なかなか思いつきでは動けない。

「とにかくやってみて、失敗したら、それはそれで成果だ。」「その方法ではうまくいかないことが分かったら、今後やってはいけないということが分かる」という理念の下に、各種文献をあたり、有識者から意見を聞き、事務所内での検討会を幾度も重ね、いろいろなアイデアをみんなで出し、現場で試行錯誤を重ねることとなった。

そこで、第一に、兵庫県立コウノトリの郷公園、NPO法人コウノトリ市民研究所、土地改良区、豊岡市、県関係機関で公選する環境配慮検討委員会を設置し、どのような計画を作っていくべきかを素案づくりをし、その素案を地元住民と一緒に意見を交わし合うことにより、最終的な計画を作った。第二に、現場である水田、水路へ水田魚道、生態系配慮型水路他の多種多様なモデル施設を設置してみた。設置にあたっては、試行的に施設を設置させてもらうために農家の方々の理解を得るのに苦労もあったが、最後は快く引き受けていただいた。第三に、それらがどのような成果を上げているのかを実際に確認するため、魚道での遡上調査、水路での生息調査、水田魚道管理にかかるアンケート調査などを行い、それらを定数的、定量的に取りまとめていった。第四に、取りまとめられた調査結果を再び環境配慮検討委員会で検証することにより、何が良くて、何が悪いか、そして今後どう改良していけばいいのかを考えた。そして、再び計画を練り直していった。この第一から第四までを繰り返し、積み重ねていったものが今に残っている。

環境配慮整備の実現

前述の取り組みを元に、豊岡土地改良センターが中心的役割を担って、コウノトリのエサとなる水生動物を水路・水田で生息させるために以下のことを実施してきた。農業農村整備事業では、すでに２０００年から豊岡市赤石地区で生態系保全型水田整備に取り組みを進めていたところであり、土地改良区を中心として生態系保全の検討会を定期的に開催し、水田魚道及び生態系に配慮した支線排水路をほ場整備に合わせて整備していった。

ハチゴロウの戸島湿地

コウノトリ野生復帰に合わせて各地で取り組んできた水田魚道を中心に記載するが、豊岡市城崎町にある「ハチゴロウの戸島湿地」もほ場整備事業と合わせて田園空間環境づくりを目的として海水・汽水・淡水の連続性を確保するためのきめ細かな田園整備を行ってきている。もともとは、完全乾田化されるはずだった水田は、初めて戸島へやって来た2002年8月5日にちなみ「ハチゴロウ」と名付けられたコウノトリが来る日も来る日も湿田にいたナマズやヘビを啄んでいたため、ほ場整備計画の一部を見直し、地域農業と融合し一部をコウノトリのエサ場となるような海・川・潟・水田・山が隣接して存在する生態系の見本となるような湿地を作り出すことになった。

特に、汽水域と淡水域をつなぐ魚道の役割を果たしている「起伏ゲート」と呼ばれる水門は、フロート（浮き）とゲートを組み合わせた仕様で、発注者である土地改良センターとメーカーとが試行錯誤を重ねてできあがったものである。潮の干潮により、汽水域のゲートが倒れて淡水域から真水が越流する。すると、汽水域湿地からは淡水域湿地へ潮水が逆流することなく、反対に、魚類などの生き物は、淡水湿地から越流する水を渡り汽水域から淡

「ハチゴロウの戸島湿地」 全景

水域へ遡上することができる。

地域住民への啓発　～住民参加の手づくり魚道～

田んぼの持ち主は農家であり、それらを取り囲むように存在する農業用用排水路、農道は、主に地元の土地改良区・水利組合などが中心となって管理されている。近年は、農業・農村が有する国土保全、水源涵養、景観形成機能などの多面的機能を発揮していくための活動として地域全体での共同活動により維持管理されている地域もある。

水田魚道などを公共事業で行政が地元と調整の下に設置したとしても、工事完了後の維持管理は地元へ委ねることになる。そこで、地域に大切にされ愛着のある施設となるよう、水田魚道の中には、手づくり施設も数多く存在している。例えば、河谷地区では新田小学校の児童と地元営農組合が協力して、スコップで畦の穴掘り、大工道具を用いて木製魚道の製作、現地での取り付けまで地域が一体となり取り組み、仕上げたものもある。

そうすることで地域に存在する生き物を守り、回復させるために、その地域に合った方法で「遊び心」を持って楽しみながら取り組むこと、水田や水路が「みんなの宝」であるという思いで取り組むこと、一度作ったら、その後どうなるのかを考えて、必要に応じて修正を加えていき、より良いものになるよう粘り強く続けることができるようになった。

作られた施設は、地元の小学校での総合学習で「田んぼの生き物調査」で活用されることにより、身近な環境や生き物への関心・興味を高めるとともに、田んぼにどんな工夫がなされているのかを知るきっかけとなっている。

アンケート調査及び聞き取り調査によっての改良

水田魚道は、各農家個人の水田と排水路をつなぐものであるため、農家の管理にその効用の大小が左右される。アンケートや聞き取りを行った結果、代掻き、田植え、その後の水稲の成長に合わせた細やかな水位調整が非常に難しく、水位調整のために、水田と水田魚道との接点（つなぎ目）でセキ板による仕切りがなされているが、このセキ板を簡単に水位調整ができるように改良を加えていった。

モニタリング調査

施設の設置後は、生態系に配慮した土地改良施設の整備を促進するため、実証施設の効果を検証することが必要であった。各種環境配慮施設において、水田魚道の遡上調査、生態系保全型水路の生息調査、逃げ場所の生息調査、段差解消魚道の遡上調査、水田魚道・逃げ場所管理等アンケート調査、水田魚道管理など聞き取り調査を実施してきた。

これらの調査で分かったことをまとめると以下のようになる。

ア　水田魚道

豊岡地域には100か所あまりの水田魚道が設置されており、モニタリング調査では、①水田魚道の勾配は10～15%程度であれば生き物は遡上する、②いろいろなタイプの水田魚道があるが、コンクリート製ハーフコーン型水田魚道は相対的に遡上が多い、③水田の水深が大きい状態ほど、水田魚道の遡上数が増加することなどが明らかとなった。

また、水田魚道を管理する農家へのアンケート調査及び聞き取り調査で分かったこととして、①代掻き、田植え、その後の稲の成長に合わせて行う細やかな水位調整が難しい、②一筆排水と水田魚道が別々にある場合、水管理に苦慮している、③水田と水田魚道のつなぎ目でセキ板による仕切りがあるため、簡単な改良セキ板の設置が有効であることなどがある。

イ　生態系配慮型水路

豊岡地域には現在約４０００ｍの生態系配慮型水路が設置されている。モニタリング調査では、①コンクリート三面張水路より生態系配慮型水路に生き物が多く生息していること、②生態系配慮型水路への転換後、これまでいなかった生物も出現してきており、生物の多様性が増加していることなどが明らかとなっている。

ウ　田んぼの逃げ場所

豊岡地域には現在生き物の逃げ場所が10か所あまり設置されている。モニタリング調査では、①中干し時期の魚類個体数は、単独タイプではほとんど変化がなかったが、水田魚道直結タイプでは大幅に増加していること、②水田魚道直結タイプは、落水時に水田の泥が逃げ場所に流れ込むため、泥がたまりやすいこと、③逃げ場所は、越冬期に少量の水位があれば生き物の生息場所としては十分機能することなどが明らかとなっている。

【農業農村地域における環境配慮施設整備と現状課題】

農業農村整備事業により整備した農地や農業施設は、30年以上の工事経過から改良されてきた「生産基盤」として「最高」のものであったが、それに加えて、環境配慮施設を設置するようになった。しかし、水田魚道や生態系配慮型水路の環境施設を設置しても排水路や河川などに段差があ

手作り魚道(完成)

水田魚道セキ板(改良後)

遡上効果が高いコンクリート製
ハーフコーン型水田魚道

田んぼの逃げ場所

れば機能が発揮されないことになるので、水路の連続性、つまり農村地域全体の水域ネットワークを構築しなければならない。

一方で、生態系配慮水路、水田魚道などを整備し「環境基盤」としての機能を上げると、農家の維持管理労力は増大していくことになる。農家の十分な協力と理解がないと環境配慮は成り立たないものとなるため、生産性と環境配慮のバランスが重要となるが、水田魚道などを整備した施設が設置後数年を経て現状を確認してみると、有効活用されず、機能していないものも見受けられる。個々の施設管理者、つまり個々の農家の意識は、営農そのものに力点を置かざるを得ず、地域環境への視点は二の次になりがちである。中心経営体への農地集積が加速化すれば、なおさら誰が環境配慮を行っていくのか、地域内での役割分担が必要である。

地域における生息生物の生活史特性や水域のネットワークへの認識はまだまだ不十分であり、農家・非農家を含めた地域住民全体での管理手法をどう構築するかが課題である。地域特性に応じた順応的管理をどう作るか、農家や地域が受け入れやすい施設整備や管理の手法を探っていくことが大きな課題である。

最近も、豊岡市内の集落から、水田魚道を地域住民の手で作ろうという動きがあったことは、将来を見据え、これまでの取り組みが間違ってなかったことを改めて感じさせてくれるものである。

また、田んぼの生態系配慮施設のメッカともいえる豊岡市赤石地区の近隣では、赤石地区での整備の影響を受け、地元からの声も上がり、国土交通省施工の円山川災害復旧事業やほ場整備事業に関連した水田魚道・排水路整備が野上地区・下鶴井地区において2015年現在も進められている。

今後、水田魚道などの施設操作状況、管理者意識、集落内住民意識など管理実態調査・分析を行うとともに、地域内での十分な話し合いを進め、より良い施設管理の方法を見いだしていけば、持続可能な農村社会の礎となると確信している。

2　環境創造型農業の歩み

西村いつき

（1）「環境創造型農業」という言葉

兵庫県（以下、本県）は、「これからの農業は、農業者の創意工夫により環境と共存しつつ、持続可能な人類の未来を確実にするものでなくてはならない」という考えに立ち、独自に「環境創造型農業」と称して推進している。「環境創造型農業」は、一般的な呼称である「有機農業」や「環境保全型農業」では表現しがたい「人と環境の新しい関係を創造する農業」を目指しており、①安全な食料の供給機能、②環境形成機能、③自然との共存機能、④教育的機能の向上を図り、人と自然、都市と農村、生産者と消費者がともに生きる社会の実現と農業者の誇りを醸成するという志が包含されている。

（2）環境創造型農業推進の初動期

【環境創造型農業推進方針の策定】

我が国では1960～1970年代に高度経済成長に伴い公害問題が顕在化し、農業分野でも化学肥料や農薬が大量に使用され自然環境や母乳の農薬汚染が社会問題となった。1971年に元農林中金常務理事の一楽照雄の呼びかけによって、社会的な影響力を持つ知識人が集結して「有機農業研究会」(後に「日本有機農業研究会」に名称変更)が設立し、一楽が欧米の「Organic Agriculture」を翻訳し「有機農業」という造語が誕生した。本県からは神戸大学農学部教員であった保田茂氏(現神戸大学名誉教授、NPO法人兵庫農漁村社会研究所理事長)が参画し「兵庫県有機農業研究会」を1973年に設立した。その結果、本県ではいち早く有機農業の情報交換や技術研鑽が行われるようになった。

このような背景の下、本県では1988年に「有機農業」に関する調査を始め、1990年に有機農業専門技術員を配置して、1992年に「環境創造型農業推進方針」を策定し、環境創造型農業の推進を県の重要施策として位置付け、食の安全の実現と持続的な食料生産を両立させる施策が始まった。

【兵庫県有機農産物認証制度】

本県の環境創造型農業の特徴は、有機農業を環境創造型農業の頂点として位置付けたことにある。1993年に国が「有機農産物及び特別栽培農産物に係る表示ガイドライン」を制定したことに呼応して、同年に全国に先がけて「兵庫県有機農産物認証制度」を創設した。2000年にJAS法が改正され有機農産物の規格化と認証表示制度が制定されるまで県独自制度として実施した。

【有機農業技術の確立と普及】

技術確立では、1988年から実施した資源活用型農業特別事業実証ほ場の結果や試験研究開発技術、有機農業者による先駆的技術を元に、1992年度に有機栽培指針（土づくりと施肥、病害虫対策、雑草対策、野菜、水稲、果樹）を作成し、1993年度に「有機栽培マニュアル」を集約し、1997年度には「有機栽培マニュアル」を改訂した。

普及指導活動では有機農業の産地育成や有機農産物を介した交流など多様な取り組みを進めるため、1993〜1997年から市町（神戸市、宍粟市、豊岡市、養父市、南あわじ市）を対象に有機の里づくり推進事業を実施した。1997〜2001年からは消費者交流を強化した第2期有機の里づくり事業を多可町、新温泉町、丹波市、洲本市、南あわじ市で実施した。

【全国環境保全型農業推進コンクール】

１９９５年に第１回全国環境保全型農業推進コンクールが開催され、養父郡農業協同組合（現ＪＡたじま）が優秀賞を受賞した。このコンクールは現在も継続されており、１９９６年度以降も県内の多くの団体が農林水産大臣賞を受賞している。なお、おおや高原有機野菜部会が１９９７年の朝日農業賞、２０００年の天皇杯に続き、２００７年には同コンクールの有機農業部門で大臣賞を受賞するなど全国的な評価を受けた。また、２００５年にはコウノトリの郷営農組合が大臣賞を受賞し、環境創造型農業の推進がコウノトリ野生復帰に貢献していることを内外に示した。

（3）環境創造型農業の発展期

【ひょうご安心ブランドの創設】

安全・安心な農産物を求める県民の要望は高いものの、２０００年時点で県内の有機農産物と特別栽培農産物の栽培面積は生産面積の２％程度と少なく県民の要望に応えられない状況にあったため、２００１年度に「ひょうご安心ブランド農産物生産システム認定制度」を創設した。制度の創設にあたり、学識経験者、県試験研究機関、生産者団体代表、流通業者代表、消費者団体代表などを構成メンバーとする「環境創造型農業推進委員会」を設置し生産者と消費者の各々の立場から検討を行った。その結果、環境負荷軽減に配慮した生産方式（土づくり、化学農薬・肥料の使用低減を一体的に取り組む方式）で生産し、農薬を使用した場合は残留農薬の自主検査を実施できる生産集団を県が認定し、食品衛生法における農薬残留基準の10分の1以下であることを確認後、認定生産集団が生産した農産物にマークを貼付し流通させる仕組みを整えた。

【コウノトリと共生する農業の推進】

長年、県が取り組んできたコウノトリ野生復帰事業と環境創造型農業をリンクさせる形で、2003年に農林水産振興事務所、農業改良普及センター（以下、普及センター）、土地改良センターで「コウノトリプロジェクトチーム」を結成しコウノトリと共生する農業の実現を目指し技術確立に取り組み、2005年に「コウノトリ育む農法」（以下、育む農法）と命名した。

育む農法の確立にあたり、普及センターがリーダーシップをとり、先駆的な農業者とともに生物多様性に配慮した定義（おいしいお米と多様な生き物を育み、コウノトリも棲める豊かな文化、地域、環境づくりを目指すための農法）や、要件として環境配慮、水管理、資源循環で項目を整理し、ひょうご安心ブランドなどの認証制度によってお米の安全の担保を行い、消費者から安全性が可視化できるように既存制度の活用を図った。２００６年には農政環境部長の指示で農林水産技術総合センター内に「コウノトリ育む農法技術支援チーム」を設置し育む農法の科学的検証を行い、田んぼの生き物評価指標を策定して育む農法の環境保全の貢献度の数値化を図った。

（4）　環境創造型農業の充実期

【兵庫県環境創造型農業推進計画の策定】

２００６年に、国は「有機農業の推進に関わる法律」（以下、有機農業推進法）を制定し、翌年４月に「有機農業の推進に関する基本的な方針」を定めた。県では有機農業推進法を契機に、１９９２年から脈々と続けてきた「環境創造型農業」の推進内容を体系的に整理し、２００９年４月に「地球環境や生物多様性に配慮した人と環境に優しい農業を創造し、安全安心で良質な食料の持続的な生産を進める」ことを理念とした「兵庫県環境創造型農業推進計画」（以下、「推進計画」）を策定した。

「推進計画」では、土づくりを基本とし化学肥料や農薬の低減割合の目標を明確に定め、農業生産活動に由来する環境への負荷を大幅に低減し安全良質な農産物を生産し消費者に安定供給を図るとともに、農業の自然循環機能を増進し生物多様性の保全や地球温暖化の防止を図ることを明示した。さらに、環境分野においても、２００８年12月に「第３次兵庫県環境基本計画」が策定され、①地球温暖化の防止、②循環型社会の構築、③生物多様性の保全、④地域環境負荷の低減が施策目標として設定され、環境創造型農業の推進が環境面からも明確に位置付けられた。

推進目標の設定

「推進計画」では、環境創造型農業を兵庫県農業の基本と位置付けた。さらに、目標年度である２０１８年に、環境創造型農業の面積３万７０００ha、ひょうご安心ブランド面積１２０００ha、有機農業面積１２００haと目標を定めた。

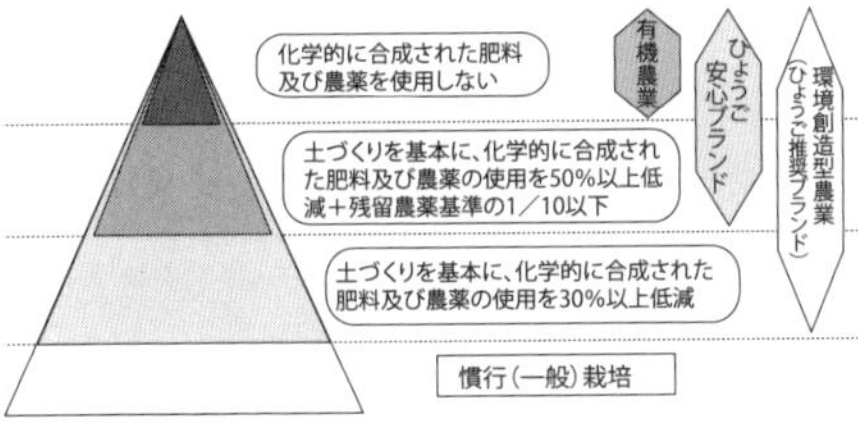

項　目	目標面積	備　考
環境創造型農業	37,000ha	水稲作付面積の８０％ 野菜作付面積の６０％ 作付面積全体の７５％
ひょうご安心ブランド	12,000ha	現状(H21)の１０倍
有機農業	1,200ha	現状(H21)の６倍

・環境創造型農業の生産技術：化学的に合成された肥料及び農薬の使用を慣行の30％以上低減する生産方式。
・ひょうご安心ブランドの生産技術：土づくりを基本として化学的に合成された肥料及び農薬の使用を50％以上低減し、農薬を使用した場合には残留農薬が国基準の10分の1以下にする生産方式。
・有機農業の生産技術：化学肥料や農薬を使用しない生産方式。

推進体制の整備

「推進計画」策定に伴い、2009年に34市町に地域推進協議会の設置、2010年には円滑な推進を図るために、関係機関が一体となった取り組みを進めるために県域と地域における推進体制を整備した。

まず、学識経験者、農業者、流通業者、販売業者、実需者、消費者、農業団体、行政で構成する「環境創造型農業推進委員会」を設置し、「推進計画」の取組状況の評価と検証を行うこととした。

次に、県域の推進方策の検討や地域との連携調整の場として、農政環境部関係課、農林水産技術総合センター、各県民局農林関係地方機関、兵庫県農業協同組合中央会、全国農業協同組合連合会兵庫県本部（以下、県域農業団体）による「環境創造型農業県推進連絡会議」を設置した。

さらに、農政環境部関係課、農林水産技術総合センター、県域農業団体などによる「作物別専門会議」を設置し、米、野菜など作物別の推進方策や技術課題を検討する体制を整備した。地域においては、農林振興事務所、普及センター、土地改良センターの構成員による地域推進班を設置し、地域の推進方策の検討や市町推進協議会の支援を行うこととした。

２０１１年には「農林水産ビジョン２０２０」において、「推進計画」で定めた２０１８年の目標年度を２０２０年に修正するとともに、地域での推進の格差を是正するために、地域ごとの環境創造型農業、ひょうご安心ブランド、有機農業の推進面積の目標を設定した。

【消費者への啓発】

環境創造型農業の推進には県民の理解と協力が欠かせない。兵庫県認証食品（ひょうご推奨ブランド、ひょうご安心ブランド）の消費拡大を進めるために流通及び消費拡大に資する事業を展開した。また、県民に環境創造型農業の必要性を認知してもらうための啓発活動として、1994年から「消費者に支えられる有機農業の産地づくり」をテーマにしたフォーラムを開催しており、1995年度から2005年度まで「有機農業フォーラムinひょうご」として、2006年度からは「環境創造型農業推進フォーラム」として継続している。さらに、小規模の各種研修会などを開催し情報発信や啓発活動を行うとともに、「ひょうご安心ブランドファンクラブ」（2014年から「兵庫県認証食品ファンクラブ」に改名）を2011年に設立し、インターネットを利用して販売店や産地の紹介や生産者の声を情報提供している。各地域では環境創造型農業実施農園での収穫体験や生き物調査の実施など、県民が環境創造型農業に触れる機会の創出に努めている。

【今後の展開】

物質的な豊かさを求める時代の中で農業も生産性や効率化が求められた。県は生産性や効率化を追求する農業を推進する一方で、環境への負荷軽減に配慮した安全・高品質な農産物生産を目指す環境創造型農業を本県農業の基本として推進してきた。さらに、２００９年からは有機農業推進法に基づき環境創造型農業の頂点として有機農業を位置付けて推進した。有機農業で安定した収益を得るためには、地域の気候風土に適応した高い農業技術が必要であり、加えて、販売先の確保など経営安定に向けた取り組みが必要である。そのため、県では国の各種事業などを有効活用しながら、各地域の気候風土に合った有機農業技術の確立、有機農業を担う人材と指導者の育成、流通・販売業者の理解と支援の拡大、消費者の理解と連携強化を図ってきた。その結果、育む農法のお米のような自然環境の保全や生物多様性の保全といった新たな価値観に依拠した農産物や環境創造型農業を経営の柱にする経営体が誕生し、２０１４年度には、環境創造型農業の取組面積は水稲と野菜作付面積の約66％にあたる２４３８７ha、ひょうご安心ブランドは３０９８ha、有機農業は６９１haとなった。

１９９２年から取り組んできた環境創造型農業は、条件不利地域の活性化策として効果を上げるとともに、今の時代が失いかけた「環境」や「命」に係わる取り組みとして評価を受けるようになった。時代の潮目は確実に持続可能な農業を具現化する環境創造型農業に傾きつつある。今後一層着実な歩みが求められている。

3 ひょうご安心ブランドのモデル事例紹介

戸田一也

(1) たつの市のバジル

バジルはしそ科めぼうき属の熱帯アジア原産の香味野菜である。イタリア料理で使われる品種はスイートバジルで、イタリア語のバジリコでも知られている。

たつの市のバジル生産は、国産で鮮度の高いバジルを求める神戸市内の食品メーカーの要望で2004年に当時の新宮町下笹《しもささ》、上笹《かみささ》集落の営農組合が10aの契約栽培で取り組んだのが始まりでまだ歴史の新しい作物である。その後、営農組合は2006年に県下で最初の株式会社の集落営農組織である(株)ささ営農を設立し、2008年にひょうご安心ブランドの認定を受けて栽培を拡大してきた。2009年からたつの市内の他の集落営農組織なども取り組み、バジル栽培は

たつの市　バジルほ場

さらに拡大している。

2014年度の現在、(株)ささ営農とたつのバジル生産部会の2団体で約5haのバジル栽培がひょうご安心ブランドの認定を受けている。また、(株)ささ営農では、2014年にバジルの加工場を設置し、取引企業と連携してバジルペーストを生産している。

バジル栽培は、4月播種、5月定植で6月から10月末まで収穫する長期収穫の作型と短期で収穫する作型がある。いずれも6月から10月末まで収穫できるようにしている。長期作型は労働集約できる小規模栽培に、短期作型の組み合わせは収穫に集中できるため中～大規模栽培に向いている。

肥料は元肥で窒素成分で10kg/10aを施用し、短期作型は元肥だけである。長期作型は、さらに追肥として窒素成分を17kg/10aを6回程度に分けて施用する。本ぽで施用する肥料は全て有機質肥料である。

バジルはいわゆるマイナー作物のため使用できる化学農薬の登録がほとんどなく、病害虫対策では試行錯誤の取り組みであった。マルチ栽培や排水対策の徹底により雑草、病害、生理障害の発生を防止するとともに、アブラムシ類の対策は、シルバーマルチなどの光反射資材の利用や有機ＪＡＳで使用可能な澱粉を原料とした気門閉鎖剤を用いている。またハスモンヨトウ対策にはＢＴ剤（※）など天然物に由来する薬剤を使用するなど、化学農薬の使用回数をゼロにしている。

また、栽培面積の拡大に伴い、畝立て・施肥・マルチ同時作業機、半自動セル苗移植機、摘芯用の剪葉機、専用防除機の導入などの機械化による省力化を進めるとともに、安全安心をより高度化にするため農水省ガイドラインＧＡＰに取り組むとともに、ＧＡＰ認証を目指している。

脚注（※）　ＢＴ剤：昆虫の病原細菌であるバチルス・チューリンゲンシス（*Bacillus thuringiensis*：ＢＴ）を活性成分とする微生物農薬の総称。主にガ類などのチョウ目害虫を対象とした剤が多い。有機ＪＡＳで使用が認められている。

（2）おおや高原の有機野菜

おおや高原有機野菜部会は、「ひょうご安心ブランド」の認定を受けた野菜産地の中で、認定を受けた面積が最大の団体である。高原の特長を活かし、初夏から晩秋までほうれんそう17・2ha、しゅんぎく1.4ha、こかぶ1.2ha、みずな2.8ha、こまつな0.7ha、ミニトマト0.4ha、くうしんさい

0.2ha、合計延べ面積23・９ha（２０１４年実績）を全て有機栽培で生産し、有機ＪＡＳの認証を受けて県内の生協「コープこうべ」と提携して出荷している。

養父市大屋町は、耕地の少ない山間地域での大規模な農業経営を目指して１９７０年代から県営農地開発で野菜生産ほ場を標高約７００ｍの準高冷地に造成した。完成当初は排水不良などに悩まされたが、暗渠排水を施工した雨除けハウスの夏出しほうれんそう栽培が良好な成績を得た。１９９０年にコープこうべが「人と自然に優しい食べもの」としてフードプランを提唱し、おおや高原ではコープこうべと提携した有機栽培ほうれんそう生産を１９９１年から本格的に開始した。その後順次、栽培ハウスを増設するとともに１９９４年に出荷調製作業の分業化を図るため集出荷場を設置して有機栽培ほうれんそうの生産量を拡大した。調製作業は大屋町内のシルバー人材センターの会員が担っており、地域内の重要な雇用の場となっている。また、

おおや高原の葉物野菜

高原に堆肥舎を設置することで土づくりを進め、有機栽培の生産体制が充実している。

【フザリウム菌によるホウレンソウ萎凋病対策】

夏出しほうれんそう栽培の最大の障害はフザリウム菌によるホウレンソウ萎凋病である。他県の高冷地にある夏出しほうれんそう産地でもホウレンソウ萎凋病は、被害の大きい重要病害で、他産地では化学農薬による土壌消毒が欠かせない技術となっている。おおや高原では萎凋病の発生を軽減するために他の品目を導入して輪作体系としているが、夏出しほうれんそうは需要が多いため大幅な作付削減は困難で、他作物との輪作だけを萎凋病対策とすることは不十分であった。

そこで、化学農薬を使用しない二つの土壌消毒技術が導入されている。一つ目は播種前に熱水を潅注する熱水処理法、二つ目は作付前にカラシナをすき込み散水後の一定期間ビニールなどで被覆する土壌還元消毒法である。どちらも高い発病抑制効果がある技術だが、それぞれ長所と短所がある。

【熱水処理法】

熱水処理法は、熱水の土壌への速やかな浸透と排水性向上を図るためサブソイラ施工と弾丸暗渠を設置し、90℃の熱水を潅注して翌日まで保温のためビニール被覆する土壌消毒である。処理後直ちに栽培が可能となるので施設の利用率を落とさない点が本技術の長所だが、大量の熱水を必要とするため専用の機械の導入とともに燃料代も必要となる。必要なコストは約４００万円の熱水処理機の導入と１０００㎡（10ａ）あたり20万円の灯油代や電気代などである。また、均一に熱水処理するために3.8度以上のこう配のほ場では適用できないことや、使用した燃油に伴うCO_2の排出が地球温暖化防止の観点からマイナス面であり、これらが本技術の短所である。

【土壌還元消毒法】

土壌還元消毒法は、多水分条件下の土壌で有機物の分解に伴う微生物活性の高まりによるO_2の消費と、カラシナに含まれるアリルイソチオシアネートの殺菌作用を利用して土壌消毒をする方法である。この方法は兵庫県立農林水産技術総合センター（以下、農技センター）で開発した土壌消毒方法で、開花したカラシナを土壌にすき込み、散水して３週間ビニールで被覆して土壌を還元状態を保つ。被覆に用いるビニールは再利用可能で、直接経費はカラシナの種子代だけで低コストな土壌消毒技術である。

また、熱水消毒ほど燃料は使用しないのでCO_2排出の面でも環境負荷の少ない技術である。ただし、おおや高原でのほうれんそう栽培が可能な年間4作のうち、夏期の1作の期間がカラシナ栽培と被覆で必要となるため、最も需要のある夏出しほうれんそうの栽培期間との重複が短所である。

【残根除去機による菌密度の上昇抑制】

夏出しほうれんそう栽培では、連作によるホウレンソウ萎凋病の発生は宿命的なものがあり、有機栽培ではどちらかの土壌消毒技術を導入することとなる。しかし、高い頻度で土壌消毒を実施することは、コスト面や需要期の生産量確保の面から課題がある。そこで病原菌であるフザリウム菌の密度上昇を抑制するために収穫後のほうれんそうの残根を除去する機械を農技センターで開発した。残根除去と土壌消毒の併用は、土壌消毒効果の持続性が高まることが明らかとなっている。病害虫防除の基本であるほ場衛生を保つことが重要である。

（3）母子茶「茶香房きらめき」

三田市北部の山間の標高450〜500mに位置する母子集落は古くからの茶の産地で、生産されるお茶は母子茶《もうしちゃ》の名で知られる。昼夜の温度差が大きく、周囲の山の斜面に点在している約27haの茶園で良質な茶が生産される。最も標高の高い茶園は標高600m地点にある。

母子集落では高齢化で荒廃茶園が発生するなど茶生産の将来に不安感や危機感があった。集落で検討を重ねた結果、「茶園のある母子の風景を守ろう」と2001年に集落の茶農家約30戸が母子茶加工生産組合を結成し、当時では最新式の全自動システムの製茶工場を導入した。「茶香房きらめき」である。

組合の結成の年に「安全安心な健康飲料のお茶の生産」に取り組むため「ひょうご安心ブランド」に申請し、若い認定番号「006」番と制度発足当初に認定を受けた。

三田市母子「茶香房きらめき」

また、兵庫県茶品評会では1位である農林水産大臣賞の常連で、京都府などレベルの高い産地が参加する関西茶品評会でも1等に2度入賞しており、茶生産技術は県内でもトップクラスである。生産されたお茶はＪＡ兵庫六甲の直売所や三田市周辺の道の駅などで販売している。

【窒素施肥量の削減技術】

茶の旨みは窒素を含むアミノ酸のテアニンで、品質の高い茶はテアニン含量が高い。このため高品質の茶を生産する場合は窒素施肥量を増やす傾向がある。ただ、施用量が多くなると施用窒素の利用率が低下し、極端な場合は硝酸性窒素による地下水汚染の原因となる。

茶はアンモニア性窒素を好むため硫安がよく利用されるが、施用後のアンモニア性窒素は土壌中の硝酸化成菌の作用で流亡しやすい硝酸性窒素となり、施用窒素の茶樹への利用率が低下する。これを防ぐため硝酸化成を抑制するジシアン入りの肥料を利用して窒素の流亡を防ぎ、利用率を高め、高品質茶生産と環境負荷の軽減を両立する施肥体系をとっており、窒素施用量は県施肥基準以内の55kg／10a以下に抑えている。

【天敵など生態系を活かす防除体系】

母子地区は標高が高いため気温が低く、害虫の発生はやや少なめで農薬使用は最小限に留めている。特に春期の一番茶前の化学農薬は使用していない。ただし、春の気温が高い年には一番茶期でチャノホソガの被害が発生することがある。チャノホソガが多発すると著しい品質低下となるので、この場合は有機JASで使用が認められているBT剤の散布で対応している。

一番茶の摘採終了後30日以降に二番茶の摘採を迎えるが、この期間は梅雨時期で気温も高く炭疽病やチャノコカクモンハマキが発生することが多い。発生状況によって農薬散布するが、有機リン剤や合成ピレスロイド剤などは、寄生蜂やテントウムシ類、カブリダニ類など天敵にも作用するためクワシロカイガラムシ、チャトゲコナジラミやカンザワハダニなどの害虫がかえって増加することがある(この現象をリサージェンス現象という)。このため天敵への影響が少なく、ターゲットの害虫を対象にした選択性の高いIGR剤(※)を中心とした防除体系で最小限の農薬使用に留めている。

また、冬季防除でも有機JASで使用が認められているマシン油乳剤や石灰硫黄合剤などの薬剤を散布し、次年度の生産に向けてハダニ類、カイガラムシ類といった害虫の密度低下を図っている。

脚注（※）ＩＧＲ：Insect Growth Regulator の略で昆虫成長制御剤と呼ばれる農薬。昆虫の皮膚（外皮）を構成するキチンという成分の生合成を阻害するタイプや、昆虫のホルモンに作用して脱皮を促進させるタイプの剤がある。特定の昆虫に特異的に作用するので天敵などへの影響は少なく、総合的病害虫管理技術（ＩＰＭ:Integrated Pest Management）に適しているといわれる。

まとめに代えて

（編者を代表して）伊藤一幸

私は出身大学こそ神戸大学であるが、農水省の農業研究員として30余年、各地で雑草防除の研究に携わってきた。田んぼや畑に這いつくばって、作物の畝間で雑草がどのように生えるかずっと見てきた。神戸大学に来てまだ10年しか経っていない。この間、兵庫県の農業をやはり雑草の目線で、低い視線から見てきた。

農業の活性化のために六次産業化が叫ばれている。ブランド力をつけるだけなら宣伝力を高めるとか、生産者と大都市の消費者とを強く結び付けたり、インターネットを活用して販路を探せばいい。私たちはそれだけでいいのだろうかと考えた。そして、農村を守りながら楽しく農業をするにはどうしたらいいのかと考えた。

正直なところ、兵庫県はこんなに努力して制度設計をし、農家に浸透させているのに「環境創造型農業」はどうして評価されないのだろうかと思った。宣伝が足らないのではないだろうか？

県庁に自信がないのだろうか？消費者に問題があるのだろうか？生産者に問題があるのだろうか？　と、いろいろ考えた。それで、農作物の生産者の想いが消費者まで届かないことが分かった。優秀な生産組合、営農組合やエコファーマーから出荷されているのに、兵庫の安全安心農作物にブランド力がなく、消費者に認知されていない。そこで、出口の明確な特徴ある農作物や技術を出口からさかのぼる形でまとめてみようと思った。

〝エシカル〟とは英語で倫理的なとか、道徳的なという意味である。本当は良いことをしているのにという想いが伝わるには時間がかかるので、この本のタイトルにした。日本語にすると何だか硬くて、暗い印象になるので、カタカナにした。「コウノトリを大切にする兵庫の農業」「ふるさとを守る兵庫の農業」とかいろいろ考えたが、全ての著者の想いを表すには〝エシカルな農業〟がぴったりと思って名付けた。著者には、それぞれの農作物がどのようにできたか、この農業技術はどんな発想から生まれたかといった、これまでと違った発想で書いてほしいと要望した。

本書を編集してみて、「安全・安心」は科学的な根拠に基づかねばならないことが最も重要であると考えている。「安全」にはリスクをどのくらいに見積もるとか、資材の質や量とコストの関係など、科学的な根拠を与えやすい。しかし、「安心」の科学的根拠は少なく、本書のタイトルである「エシカルな」という倫理感を持ち出した。すなわち、安心には生産者と消費者の信頼関係が大切であり、その距離が近いことが重要であることがそれぞれの報告から理解できるであろう。地産地消や産直といった物理的な距離だけではなく、精神的な距離が近い、消費者には生産者の顔が見えること、生産者には自分の作った農作物を誰が食べているかが分かることが重要である。

有機農業というと主義主張が先走り、ややもすれば狂信的と思われがちである。また、生産には労力がかかり、大規模では無理な技術と思われがちである。これを農業の自然との共生、里山の保全、堆肥の正しい作り方、正しい施し方・施用量、水田の水や土の管理の仕方、野菜の播種や収穫時期などを科学的に考えて、肥料効果が穏やかに長期的に優しく効く方法と考えるべきである。化学肥料は即効的であり、調整が難しいので、バッファーの大きな堆肥が使いやすいのである。また、酪農や畜産の糞尿を畜産廃棄物として位置付けるのではなく、堆肥を正しく認識し、作物生産や園芸資材として有効に活用することが農業の持続性の基盤である。畜産や酪農を大切にしている集落の農業生産は安定している。農畜連携が生産者としての基盤になっているのである。

兵庫県は瀬戸内気候から日本海型気候まで気象条件は様々である。淡路島と但馬ではまったく異なった気象条件である。歴史においても、古代からの播磨、但馬、淡路の全域、摂津、丹波の一部の5か国が合体したモザイクな県である。岡山県、鳥取県、京都府、大阪府、そして瀬戸内海を挟んで徳島県、香川県に囲まれている。そうした歴史的、地理的なバックの元に、それぞれの地域で培ってきた作物、品種、作型などの農業技術が地域の特産物を生んでいる。古文書から瀬戸内でどんな農作物が流通していたのかとか、伝統的な農業技術の継承が難しくなった現在、どのように継承すればいいのかという問題も本書で扱った。まだまだこれからの研究領域であろう。

その土地にあって、健康に育った農作物はそれを食べる人間の健康にとっても良いことは言を待たないであろう。東洋には昔から「医食同源」「薬膳」という考え方があり、食事は健康のために極めて重要な要素であると考えられている。また、仏教用語には「身土不二」がある。医食同源とは、日頃からバランスの取れたおいしい食事をとることで病気を予防し、治療しようとする考え方である。身土不二は体と土壌は切り離せないという意味で、地元の旬の食品や伝統食はからだに良いとする考え方である。西洋医学が進んでも、東洋医学の考え方が否定されたわけではなく、むしろこうした考え方に近づいていると思われる。

このように考え、無理のない農作物の栽培を心がければ、植物病害も害虫も雑草も少なくなるはずである。これらの生物害を防ぐのに手っ取り早くむやみに農薬に頼ると、病害虫や雑草に抵抗性や耐性が生まれてしまう。相手は生物である。植物病害、害虫、雑草の生態を知って、それらを総合的に防除することが必要である。逆説的ではあるが、たとえ良い防除法があったとしても防除手段を一つに絞らないことが総合防除であると考えている。防除法を一つに絞らないから抵抗性生物型が生まれないのである。どうしても困ったら、田畑輪換とかブロックローテーションとか、冬水田んぼとか、農地環境を劇的に変えれば新しい道が開けることもある。

農作物栽培の一番の王道は土壌や栽培法を根本的に見直して、作物に合った体系に変更し、耕種的に防除することである。こうするには長年の経験に基づいて、生物害をよく知らねばならない。こうした経験を持った人たちがエコファーマーであると考えている。エコファーマーは考えた農業をする人たちである。慣行農法は農業者にあまり考えさせないが、行政としては考える生産者・農業者を育てる必要があろう。そんな人たちが考える消費者と結び付いて農業や農産物について考えていけば、最近問題化しているＴＰＰ下で海外の農産物が入ってきても、動じないであろう。

農作物が健全に育ち、農作物生産のバランスが取れて、農耕地に生物多様性が戻ってくれば生態系が安定する。安定した生態系の下で放飼したコウノトリが健やかに育ってくれれば、こうした活動に精力的に取り組んでいる者としては望外の喜びである。

農業はまだまだ奥が深い産業である。有機物の分解と土壌条件の関係や病害の発生など菌のバランスについてはほとんど分かっていない。土壌微生物についてさらに学んでいく必要があろう。

もう一つの切り口である「良い農産物を作ろう」について述べる。TPP下での競争力を考えた場合、農産物の低価格を目指すのではなく、少量多品目化を目指して、生産に必要なだけの価格を生産者が設定することが求められる。神戸大学附属農場の神戸大学ビーフだけでなく、生産者主導で値を付けられるようにしなければならない。そのためには、両親の血統や誕生時期、飼育記録、農薬や肥料の散布時期など、飼育や栽培初期からのトレーサビリティが欠かせない。薄利多売は中国や合衆国の農産物との競争となる。希少性を大切にして、日本人による細部までに気が配られた、日本的な農作物が生き残る道であろう。それが、手づくり感であったり、香りであったり、味であったり、甘みであったり、見た目であったりが農産物の付加価値となる。この世界においても生産者と消費者の距離の近さが力となるであろう。

本書の内容は兵庫県に特化したものであるが、出口はどの都道府県でも頭を痛めている農作物や農業技術や農村活性化の宣伝戦略である。違った性格のものをいろいろと繋ぎ合わせて本にしており、名前に恥じない中身になっているのか心配であるが、多くの皆様のお目に触れていただければさいわいである。

編集後記

兵庫県を定年退職する1年前のことでした。伊藤先生からお話しをいただき、「エシカルな農業」の編集作業をお手伝いすることになったのです。神戸大学農学部は、私の母校であるとともに先生方には県農林水産行政推進において様々な場面でご指導・ご助言を仰いできたこともあり、常々何かお役に立てることはないかと考えていました。この「エシカルな農業」は、神戸大学と兵庫県が互いの連携を元に「地域農業の発展」のために展開されてきた神戸大学の取り組みと「コウノトリを大切にする農業」が象徴する兵庫県の取り組みを紹介するもので、この時期にその編集に関わることができたのは望外のご褒美です。そして作業を進める中で、「これまで経済合理性の観点からは隅に追いやられてきた取り組みでも、未来のために今すべきことが確かに存在すること」に気づかされました。このことこそが私と「エシカル」の出会いです。一つ残念だったのは、著者の方々から多くの図表や写真をご用意いただきましたが、紙面や体裁の関係で大半を掲載できなかったことです。本当に申し訳なく、お詫びいたします。そして、伊藤先生をはじめ著者の皆様へ、このような機会を与えていただいたことに心から感謝申し上げます。

平成28年8月　三浦恒夫

著者一覧（掲載順）

星　信彦（ほしのぶひこ）　１９５８年東京都生まれ　神戸大学大学院農学研究科教授
著書：「環境学入門」（２０１１、アドスリー）など　博士（医学、獣医学）
※「はじめに」

伊藤一幸（いとうかずゆき）　１９４９年長野県生まれ　元神戸大学大学院農学研究科教授
著書：「雑草の逆襲、除草剤のもとで生き抜く雑草の話」（２００３、全農教）など　博士（農学）
※第１部１、２及び「まとめに代えて」

清野未恵子（きよのみえこ）　１９８０年熊本県生まれ　神戸大学大学院人間発達環境学研究科特命助教
著書：「農村で学ぶはじめの一歩」（分担執筆、２０１１、昭和堂）など　博士（理学）
※第１部１及び５

片山寛則（かたやまひろのり）　1965年高知県生まれ　神戸大学大学院農学研究科准教授
著書：「Topics in Conservation Biology」（共著、2012、InTech）など　博士（理学）
※第1部3

庄司浩一（しょうじこういち）　1968年兵庫県生まれ　神戸大学大学院農学研究科准教授
著書：「農業機械学第3版」（分担執筆、2006、文永堂出版）など　博士（農学）
※第1部4

山口　創（やまぐちそう）　1984年大阪府生まれ　神戸大学大学院農学研究科特命助教
著書：「黒大豆特産地にみる農業生産知識の管理構造」（2013、農林業問題研究）など
博士（農学）
※第1部6

黒田慶子（くろだけいこ）　1956年大阪府生まれ　神戸大学大学院農学研究科教授
著書：「樹木医学の基礎講座」（2015、海青社）など　博士（農学）
※第1部7

大山憲二（おおやまけんじ）　1968年大阪府生まれ 神戸大学大学院農学研究科附属食資源教育研究センター教授
著書：「生物統計学」（共著、2011、化学同人）など　博士（農学）
※第1部8及びコラム2

福島護之（ふくしまもりゆき）　1958年兵庫県生まれ　兵庫県立農林水産技術総合センター北部農業技術センター所長
著書：「肉用牛の科学」（共著、2015、養賢堂）など　博士（農学）
※第1部8のコラム1

坂江　渉（さかえわたる）　１９５９年大阪府生まれ、滋賀県育ち　兵庫県立歴史博物館ひょうご歴史研究室　研究コーディネーター
著書：「日本古代国家の農民規範と地域社会」（２０１６、思文閣出版）など　博士（文学）
※第１部９

宇野雄一（うのゆういち）　１９６８年滋賀県生まれ　神戸大学大学院農学研究科准教授
著書：「Recent Research Developments in Environmental Biology」（共著、２００４、Research Signpost）など　博士（農学）
※第１部９

保田　茂（やすだしげる）　１９３９年兵庫県生まれ　神戸大学名誉教授　ＮＰＯ法人兵庫農漁村社会研究所理事長　兵庫県「農」の参与
著書：「日本の有機農業」（１９８６、ダイヤモンド社）など　博士（農学）
※第２部１の（１）

西村いつき（にしむらいつき）　１９６３年兵庫県生まれ　兵庫県農業改良課参事（環境創造型農業推進担当）　兵庫県立大学大学院地域資源マネジメント研究科客員准教授
著書：「地域と環境が蘇る水田再生」（共著、２００６、家の光協会）など　博士（教育学）
※第2部1の（1）、（2）及び2

澤田富雄（さわだとみお）　１９５８年兵庫県生まれ　神戸大学農学部卒　兵庫県立農林水産技術総合センター農業技術センター農産園芸部長　環境創造型水稲栽培の良食味栽培技術開発（２０１４～２０１５）プロジェクトリーダー
※第2部1の（3）

戸田一也（とだかずや）　１９６４年兵庫県生まれ　愛媛大学農学部卒　兵庫県農業改良課主幹（特産品担当）
著書：「茶大百科I」（共著、２００８、農文協）など
※第2部1の（4）及び3

青田和彦（あおたかずひこ）　１９６９年兵庫県生まれ　神戸大学農学部卒　兵庫県篠山土地改良事務所課長補佐　土地改良事業（ほ場整備、ため池・水路改修など）の計画策定や工事の監督・指導に従事

※第２部１の（５）

編集・デザイン

三浦恒夫（みうらつねお）　１９５５年兵庫県生まれ　神戸大学農学部卒　公益社団法人兵庫みどり公社副理事長　兵庫県職員時代に「ひょうご農林水産ビジョン」「ひょうごみどり白書」などの策定・編集に従事

未来《みらい》のために今《いま》すべきこと
エシカルな農業《のうぎょう》
NDC610

2016年10月27日　発　行

編著者　伊藤一幸《いとうかずゆき》
発行者　小川雄一
発行所　株式会社 誠文堂新光社
〒113-0033
東京都文京区本郷3丁目3-11
［編集］03-5800-5779
［販売］03-5800-5780
http://www.seibundo-shinkosha.net/

印刷所　星野精版印刷 株式会社
製本所　和光堂 株式会社

ISBN978-4-416-91642-1